U0247413

TURING

图灵教育

站在巨人的肩上
Standing on the Shoulders of Giants

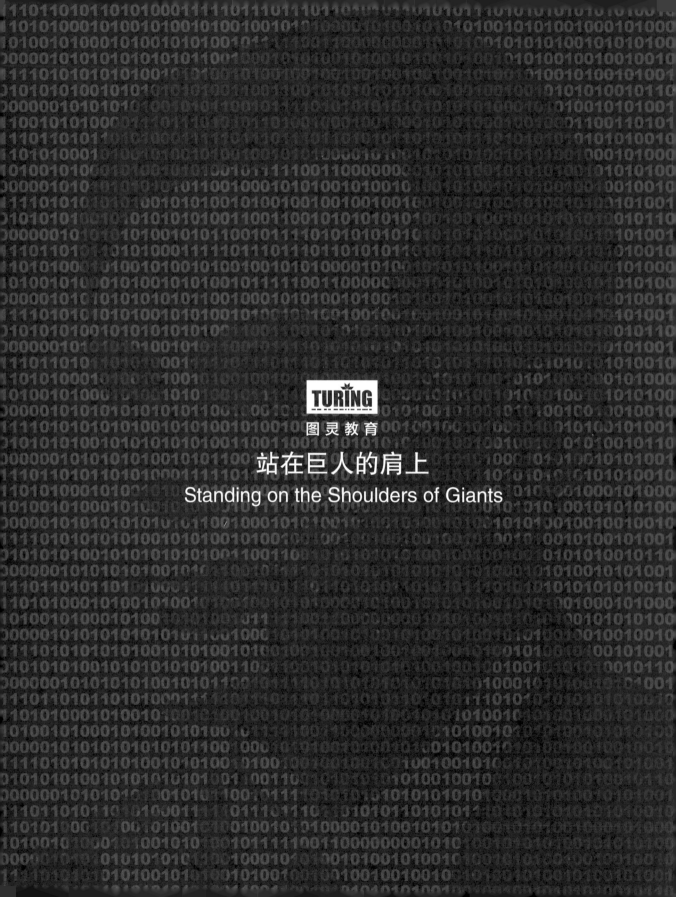

TURING

图灵教育

站在巨人的肩上

Standing on the Shoulders of Giants

图灵程序设计丛书

JAVASCRIPT GRAMMAR

JavaScript
语法简明手册

[美] 格雷格·赛德尼科夫 —— 著　　　侯振龙 —— 译

```javascript
001  // 创建电炉
002  let range = new Range(RangeType.Electric);
003  // 创建炊具
004  let pan = new Pan("cast iron");
005  let skillet = new Pan("cast iron");
006  let pot = new Pot("stainless steel");
007  let tray = new Tray("aluminum");

001  // 炖牛肉
002  pot.add(water);
003  pot.add(broth);
004  pot.add(red_wine);
005  pot.add(beef);
006  pot.add(potato);
007  pot.add(carrot);
008  pot.add(bay_leaf);
009  pot.add(peppercorn);
010  pot.calories(); // 576.35
```

RangeType.Gas　　　　RangeType.Electric

人民邮电出版社
北　京

图书在版编目（CIP）数据

JavaScript语法简明手册 / （美）格雷格·赛德尼科夫（Greg Sidelnikov）著；侯振龙译. -- 北京：人民邮电出版社，2020.7
（图灵程序设计丛书）
ISBN 978-7-115-53992-2

Ⅰ. ①J… Ⅱ. ①格… ②侯… Ⅲ. ①JAVA语言—程序设计 Ⅳ. ①TP312.8

中国版本图书馆CIP数据核字(2020)第078338号

内 容 提 要

本书包含大量精心绘制的示意图和丰富的示例代码，讲解了常用的 JavaScript 语法特性，为 JavaScript 初学者绘制了一条平缓的学习曲线，是优秀的 JavaScript 入门手册。本书涵盖原生数据类型、强制类型转换、作用域、闭包、运算符、面向对象编程、事件循环机制等内容。这些内容由浅入深，适合初学者按顺序阅读。本书还突出了 ES10 引入的一些新特性，便于有进阶需要的读者翻阅。

本书适合初级和中级 JavaScript 程序员及 Web 开发人员阅读。

◆ 著　　　　[美] 格雷格·赛德尼科夫
　 译　　　　侯振龙
　 责任编辑　谢婷婷
　 责任印制　周昇亮
◆ 人民邮电出版社出版发行　　北京市丰台区成寿寺路11号
　 邮编　100164　电子邮件　315@ptpress.com.cn
　 网址　https://www.ptpress.com.cn
　 临西县阅读时光印刷有限公司印刷
◆ 开本：800×1000　1/16
　 印张：14.25
　 字数：337千字　　　　　　　2020年7月第1版
　 印数：1-3 000册　　　　　　2020年7月河北第1次印刷
　 著作权合同登记号　图字：01-2019-4997号

定价：79.00元
读者服务热线：(010)51095183转600　印装质量热线：(010)81055316
反盗版热线：(010)81055315
广告经营许可证：京东市监广登字 20170147 号

版 权 声 明

前　言

人们通常认为只有软件产品和服务才具有"特性"。例如，Instagram 和 Twitter 等现代 App 都具有"关注"特性，上传照片也是一个特性。但是，计算机语言也拥有特性，如函数、`for` 循环和 `class` 关键字都是计算机语言的特性。

在 JavaScript 中，虽然某些特性借鉴自其他语言，但大多数特性为这门语言所独有。举例来说，`this`、`class`、`const` 等特性虽然表面上类似于原始的 C++ 实现，但在许多情况下，它们的用法体现了 JavaScript 的特点。JavaScript 是一门不断进化的语言。在 ECMAScript 6（以下简称 ES6）于 2015 年 6 月发布后，该语言的新特性如"寒武纪大爆发"[①] 一般，出现了爆发式增长，这彻底改变了 JavaScript 代码的编写方式。尽管 `...rest` 语法、`...spread` 语法、箭头函数、模板字符串、对象解构等新特性在如今的 JavaScript 代码中已经很常见，但在数年之前，就连拥有十多年 JavaScript 编程经验的开发人员也难以接受这些概念。函数式编程迅速受到 JavaScript 社区青睐，针对数组的高阶函数（`map`、`filter`、`reduce`）在多年之后终于得到了普及。

JavaScript 是一门多范式语言。它引入了 `class` 关键字和单独的构造函数，用于替代传统的函数构造器。因此，拥有传统的面向对象编程经验的开发人员可以很快熟悉该语言。ES6 规范催生了一类全新的程序员，他们更尊重这门曾经被用来编写原始 DOM 脚本的语言。由于在浏览器中运行的 JavaScript 引擎（如 Chrome 浏览器的 V8）得到充分发展，JavaScript 不再被看作简单的脚本语言。对于 JavaScript 开发来说，这是一个全新的时代。如今，你经常会在互联网上发现标题类似于"使用 JavaScript 创建机器人"的视频。我们甚至仅使用 JavaScript 就能创建可以在 Windows 10 中运行的桌面应用程序。

JavaScript 的框架和库（如 React 和 Vue）隐藏了一些传统的语言细节。这虽然有助于更快速地创建模块化的应用程序，却通常会让初学者误以为不必理解 JavaScript 的基本语法。本书精心挑选了一些符合自然认知规律的话题，帮助你逐步掌握 JavaScript 的语法，同时本书内容尽量忠实于 JavaScript 规范的动态性。

最后，衷心希望本书能够激励你今后进一步学习更高级的内容。

[①] 寒武纪大爆发（Cambrian Explosion），指寒武纪（距今约5亿4200万年到5亿3000万年）地层在其几百万年时间内突然出现的门类众多的无脊椎动物化石。——编者注

电子书

扫描如下二维码，即可购买本书电子版。

目　　录

第1章

讲述形式

本书的结构连贯，建议从头至尾依次阅读。不过，你也可以将本书作为参考书，在需要时查看各个示例。

本书并不是完整的 JavaScript 参考手册。但是，这未尝不是一件好事。本书只关注对现代 JavaScript 环境重要的内容，包括 import 关键字、类、构造函数，以及函数式编程的主要原则，此外还会介绍 ES5 ~ ES10 的诸多特性。各个"ES 规范"之间的区别已经不再那么重要，因为它们都是 JavaScript 规范。本书之所以加以区分，只是为了让你对此有一定的认识。

ES10 你会在书中看到这样的图标。这表示该特性作为 ES10 规范的一部分被引入 JavaScript 中。

JavaScript 的内容有难有易，其中有一些基于无形的思想或原则，无法仅通过源代码讲解。在本书中，你会发现有许多创造性的讲解方式，这会让学习过程更简单一些、更有趣一些。彩色代码图就是一个例子。

1.1 理论

虽然并不是所有的内容都需要广泛的理论支持，但是某些内容如果没有广泛的理论支持就会变得毫无意义。为了便于全面理解某些概念，本书将在必要时进行额外的讨论。

1.2 实例

本书会在每处关于理论的讨论之后安排一个实例，以便展示具体实现。这通常会通过代码清单来讲解。

1.3 代码清单

代码清单有助于巩固对基本原理的理解，如代码清单 1-1 所示。

代码清单 1-1　代码清单示例

```
054  // 由Bird类来创建（实例化）一只"麻雀"
055  let sparrow = new Bird("sparrow", "gray");
056  sparrow.fly();
057  sparrow.walk();
058  sparrow.lay_egg();
059  sparrow.talk(); // 错误，只有鹦鹉可以讲话
```

代码清单 1-1 中的示例通过 Bird 类实例化 sparrow 对象，并使用类中的一些方法。

1.4　示意图

本书作者倾注了大量精力来绘制示意图，以介绍 JavaScript 的基本思想。这些示意图对理解很有帮助。一些难以掌握的抽象概念需要可视化的解释，借助书中的示意图能够更快地掌握这些概念。

本书包含两类示意图：**抽象概念和代码片段**。

1.4.1　抽象概念

有时，如果没有示意图，就无法解释某个抽象的概念或其结构。在这种情况下，本书会展示一张示意图，如图 1-1 所示。

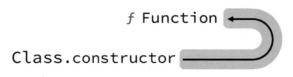

图 1-1　类的构造函数是 Function 类型的对象函数

图 1-2 是 JavaScript 函数结构的示意图。

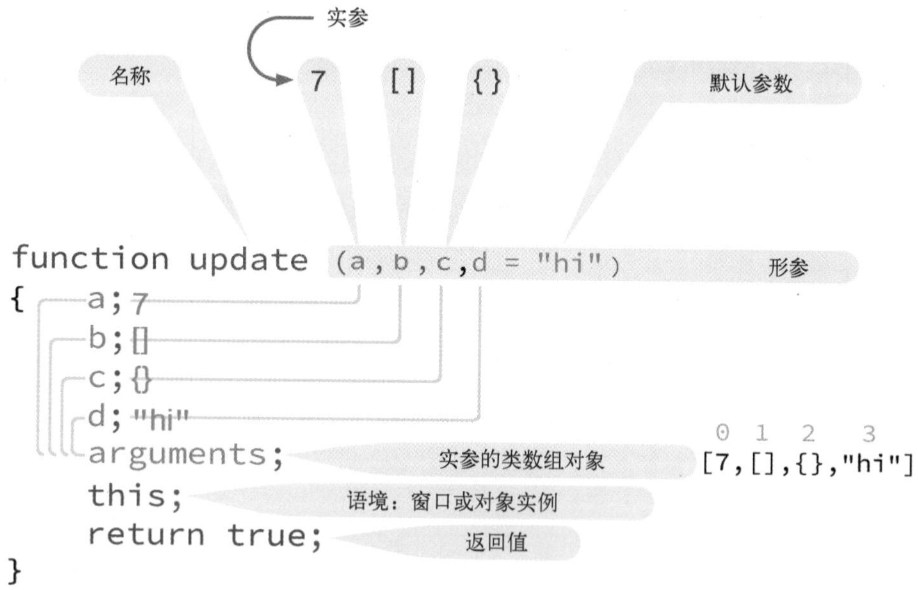

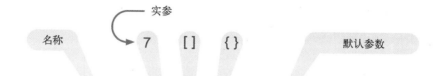

图 1-2　JavaScript 的函数结构

1.4.2　代码片段

在本书中，大多数的源代码采用代码清单的形式展示。但是，当需要关注一个特别重要的部分时，本书将展示一张示意图，其中包含源代码，并附加颜色高亮显示。例如，图 1-3 展示了在事件回调函数的语境中使用的某个匿名函数。

```
setTimeout(function() {
  console.log("Print something in 1 second.");
  console.log(arguments);
}, 1000);
```

图 1-3　用作 setTimeout 事件回调的匿名函数

这种示意图会省略源代码的行号。

1.5　主要内容

本书不会花费大量篇幅来介绍大量的函数清单或每个对象的可用方法。如果需要，你可以很轻松地在 Mozilla 的 MDN Web 文档、W3Schools 和 Stack Overflow 上找到这些信息，并进行在线实践。

本书的许多内容是针对现代 JavaScript 开发编写的，主要针对 ES6 及后续版本的规范和函数式编程，包括使用高阶数组函数、箭头函数和理解执行语境。

1.6　注意事项

有几章包含"注意事项"小节，这些小节可以提供有见地的建议。

第 2 章

Chrome 控制台

许多程序员仅知道 Chrome 的 `console.log`，其实控制台 API 还包含一些其他实用方法，这些方法在对时间有要求的情况下特别有用。

2.1 copy 函数

代码清单 2-1 展示了如何将已有对象的 JSON 表达式复制到缓冲区。

代码清单 2-1 copy 函数示例

```
> let x = { property: 1, prop1: 2, method: function(){} };
> copy(x);
> |
```

现在，该 JSON 表达式已经在你的复制粘贴缓冲区中了，你可以将其粘贴到任意文本编辑器中。本例中只采用了 x 这个简单的自定义对象。请想象一下从数据库 API 返回一个非常复杂的对象的情形。

注意：如果仅返回 JSON，就意味着方法并不会将其复制到缓冲区中（JSON 字符串格式并不支持方法，仅支持属性）。

2.2 console.dir

如果要查看所有对象的属性和方法，可以使用 `console.dir` 方法，直接将它们打印到控制台上，如代码清单 2-2 所示。

代码清单 2-2 console.dir 方法示例

```
> console.dir(x);
  ▼Object ℹ
```

```
  ▶ method: ƒ ()
    prop1: 2
    property: 1
  ▶ __proto__: Object

>  |
```

神奇的是，你甚至可以输出 DOM 元素，如代码清单 2-3 所示。

代码清单 2-3　输出 DOM 元素

```
> console.dir(document.body);

  ▼ body  ℹ
      aLink: ""
      accessKey: ""
      assignedSlot: null
    ▶ attributeStyleMap: StylePropertyMap {size: 0}
    ▶ attributes: NamedNodeMap {length: 0}
      autocapitalize: ""
      background: ""
      baseURI: "http://localhost/experiments/javascript.html"
      bgColor: ""
```

2.3　console.error

console.error 的用法如代码清单 2-4 所示。

代码清单 2-4　console.error 方法示例

```
001 let fuel = 99;
002 function launch_rocket() {
003   function warning_msg() {
004     console.error("Not enough fuel.");
005   }
006   if (fuel >= 100) {
007     // 看起来一切正常
008   } else
009     warning_msg();
010 }
011
012 launch_rocket();
```

console.error 的好处在于它会提供栈追踪，如代码清单 2-5 所示。

代码清单 2-5   栈追踪

```
⊗  ▼Not enough fuel.
   warning_msg    @ javascript-x.html:9
   launch_rocket  @ javascript-x.html:14
   (anonymous)    @ javascript-x.html:17

>  |
```

2.4 console.time 和 console.timeEnd

你可以跟踪函数调用所消耗的时间，这对优化代码很有帮助，如代码清单 2-6 所示。

代码清单 2-6   跟踪函数调用所消耗的时间

```
001  console.time();
002  let arr = new Array(10000);
003  for (let i = 0; i < arr.length; i++) {
004    arr[i] = new Object();
005  }
006  console.timeEnd();
```

控制台输出如图 2-1 所示。

```
   default: 2.51708984375ms
>  |
```

图 2-1　控制台输出示例

2.5 console.clear

console.clear 的效果如图 2-2 所示。

```
   Console was cleared
⊲  undefined
>  |
```

图 2-2　清空控制台

2.6　打印对象

在 JavaScript 中,所有的对象都拥有 `toString` 方法。当将一个对象传递给 `console.log` 时,它可以将其作为对象或字符串进行打印, 如代码清单 2-7 所示。

代码清单 2-7　打印对象

```
001 let obj = {};
002 console.log(obj);                // obj{}
003 console.log("object = " + obj); // [object Object]
004 console.log(`${obj}`);           // [object Object]
```

第3章

欢迎使用 JavaScript

3.1 入口点

每个计算机程序都有一个入口点。你可以直接在 `<script>` 标签中开始编写代码。这意味着该脚本在被下载到浏览器中时，可以立即执行，而无须关注 DOM 或其他媒介。

这存在一个问题：在 DOM 元素从服务器上下载完成之前，代码就可能会访问它们。要解决该问题，可以等到 DOM 树完全可用时再进行访问。

3.1.1 DOMContentLoaded

为了等待 DOM 事件，要在文档对象中添加一个事件监听器。该事件的名称是 `DOMContent-Loaded`，如代码清单 3-1 所示。

代码清单 3-1 入口点是自定义函数 `load`，适合在这里初始化应用程序对象

```
001  <html>
002    <head>
003      <title>DOM Loaded.</title>
004      <script type = "text/javascript">
005        function load() {
006          console.log("DOM Loaded.");
007        }
008        document.addEventListener("DOMContentLoaded", load);
009      </script>
010    </head>
011    <body></body>
012  </html>
```

此外，也可以将 `load` 函数命名为 `start`、`ready` 或 `initialize`。重要的是在该入口点，需要保证所有的 DOM 元素都已经被成功加载到内存中，而且在使用 JavaScript 来访问它们时不会发生错误。

3.1.2   注意事项

- ❑ 请勿只在 `<script>` 标签中编写代码，而不使用入口点函数。
- ❑ 请使用入口点来初始化数据和对象的默认状态。
- ❑ 请根据是仅需要等待 DOM 还是需要等待其他媒介，来决定程序入口点是 `DOMContentLoaded`、`readyState` 还是本地的 `window.onload` 方法（随后会介绍）。

1. readyState

为了安全，在绑定 `DOMContentLoaded` 事件之前，需要检查 `readyState` 属性的值，如代码清单 3-2 所示。

代码清单 3-2   检查 `document.readyState`

```
001  <html>
002    <head>
003      <title>DOM Really Loaded.</title>
004      <script type = "text/javascript">
005        function load() {
006          console.log("DOM Loaded.");
007        }
008
009        if (document.readyState == "loading") {
010          document.addEventListener("DOMContentLoaded", load);
011        } else {
012          load();
013        }
014      </script>
015    </head>
016    <body></body>
017  </html>
```

2. DOM 与媒介

前面已经确定了一个安全的位置，用来初始化应用程序。但是，由于 DOM 只是页面上所有 HTML 元素的一个树形结构，因此它通常在图像和各种插件等媒介加载之前就可以使用了。

尽管 `<img src="http://url">` 是 DOM 元素，但图像的 `src` 属性中指定的 URL 内容可能需要更多的时间来加载。

3. window.onload

为了确认所有的非 DOM 媒介内容已经下载完毕，可以重载本地的 `window.onload` 事件，如代码清单 3-3 所示。我们可以使用 window.onload 方法，一直等到所有的图像和相关媒介都下载完成。

代码清单 3-3   window.onload

```
001  <html>
002    <head>
003      <title>Window Media Loaded.</title>
004      <script type = "text/javascript">
005        window.onload = function() {
006          /* DOM与媒介（图像、各种插件）*/
007        }
008      </script>
009    </head>
010    <body></body>
011  </html>
```

3.1.3   导入外部脚本

假设 my-script.js 文件包含如代码清单 3-4 所示的定义。

代码清单 3-4   my-script.js 文件的部分内容

```
001  let variable = 1;
002  function myfunction() { return 2; }
```

可以将该文件添加到主应用程序文件中，如代码清单 3-5 所示。JavaScript 主应用程序文件可以是 index.html。

代码清单 3-5   导入外部脚本

```
001  <html>
002    <head>
003      <title>Include External Script</title>
004      <script src = "my-script.js"></script>
005      <script type = "text/javascript">
006        let result = myfunction();
007        console.log(variable);     // 1
008        console.log(result); // 2
009      </script>
010    </head>
011    <body></body>
012  </html>
```

3.1.4   导入与导出

从 ES6 开始，人们使用关键字 `import` 来导入变量、对象、函数，而使用关键字 `export` 来导出它们。假设有一个名为 mouse.js 的文件，该文件定义了 Mouse 类的构造函数，如代码清单 3-6 所示。

代码清单 3-6   Mouse 类的构造函数

```
001 | export function Mouse() { this.x = 0; this.y = 0; }
```

为了让变量、对象或函数可以被导出，它们的定义中必须修饰 `export` 关键字，但这还不够！只要在主应用程序文件中存在一个对应的 `import`，Mouse 的构造函数就会被导出。

并不是模块中的所有内容都可以导出，其中一些项仍会（且应该）保持私有。请确保你要从该文件导出的所有内容都修饰了 `export` 关键字。这可以是任意名称的定义。

1. script type = "module"

为了导出 Mouse 类并在应用程序中使用它，必须确保脚本标签的 `type` 属性改为 `module`，如代码清单 3-7 所示。

代码清单 3-7   现在可以安全地访问 Mouse 类，将该类的一个新对象实例化，并访问其属性和方法

```
001 | <html>
002 |   <head>
003 |     <title>Import Module</title>
004 |     <script type = "module">
005 |       import { Mouse } from "./mouse.js";
006 |       let mouse = new Mouse();
007 |     </script>
008 |   </head>
009 |   <body></body>
010 | </html>
```

2. 导入和导出多个定义

复杂的程序很少会只导入一个类、函数或变量。代码清单 3-8 展示了如何从两个文件中导入多项。

代码清单 3-8   导入多项

```
001 | import { Mouse, Keyboard } from "./input.js";
002 | import { add, subtract, divide, multiply } from "./math.js";
003 |
```

```
004  // 初始化鼠标对象，访问鼠标位置
005  let mouse = new Mouse();
006  mouse.x;          // 256
007  mouse.y;          // 128
008
009  // 初始化键盘对象，检查是否按下Shift
010  let keyboard = new Keyboard();
011  keyboard.shiftIsPressed; // false
012
013  // 使用数学库文件中的数学函数
014  add(2, 5);        // 7
015  subtract(10, 5);  // 5
016  divide(10, 5);    // 2
017  multiply(4, 2);   // 8
```

从 input.js 文件中同时导入 Mouse 类和 Keyboard 类（用逗号分隔），然后将它们实例化为单独的对象，并访问其属性以获取数据。

从 math.js 文件中导入数学函数 add、subtract、divide、multiply。该数学库文件的源代码如下所示。在定义了这 4 个函数之后，可以像代码清单 3-9 这样导出多个定义。

代码清单 3-9　从 math.js 中导出多个定义

```
001  // 数学函数集
002  function add(a,b) { return a + b; }
003  function subtract(a,b) { return a - b; }
004  function divide(a,b) { return a / b; }
005  function multiply(a,b) { return a * b; }
006
007  // 导出多个定义
008  export { add, subtract, divide, multiply }
```

3. ES10 动态导入

从 ECMAScript 10 开始，可以将导入赋给一个变量，如代码清单 3-10 所示（在写作本书时，你的浏览器或许还不支持此操作）。

代码清单 3-10　动态导入

```
001  element.addEventListener('click', async () => {
002    const module = await import('./api-scripts/click.js');
003    module.clickEvent();
004  });
```

3.2　严格模式

严格模式是从 ECMAScript 5 开始可以使用的一个特性。有了它，便可以将整个程序或独立的作用域放到一个"严格"的操作语境中。这种严格语境会防止某些操作执行，并抛出异常。

举例来说，在严格模式下，不可以使用未声明的变量；而在非严格模式下，使用一个未声明的变量会自动创建该变量。

在非严格模式下，某些语句即使是不被允许的，也不会引发错误反馈，这就导致你无法及时注意到错误。请看代码清单 3-11。

代码清单 3-11　在 JavaScript 中，不可以使用 delete 关键字来删除变量

```
001 var variable = 1;
002
003 delete variable; // false
```

如果不使用严格模式，代码清单 3-11 中的代码会悄无声息地失败，变量将不会被删除。并且，虽然 delete variable 会返回 false，但程序仍会继续运行。

在严格模式下会怎么样呢？请参考代码清单 3-12 和图 3-1。

代码清单 3-12　该示例对全局作用域开启严格模式

```
001 "use strict";
002
003 var variable = 1;
004
005 delete variable; // SyntaxError
```

> ⊗ Uncaught SyntaxError: Delete of an unqualified identifier in strict mode.
>
> ＞ |

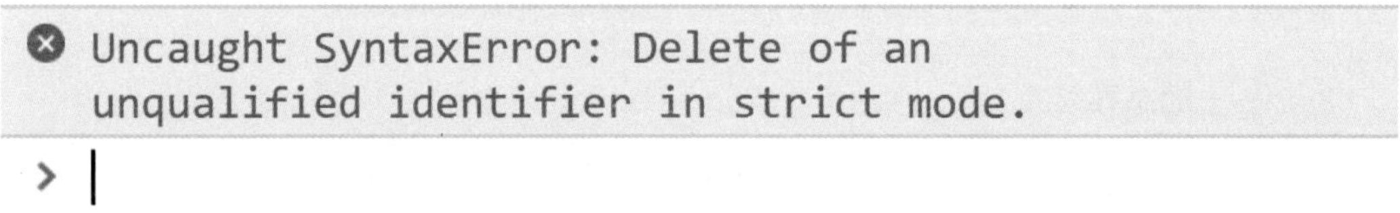

图 3-1　在严格模式下，你通常会发现更多错误

3.2.1　对一个作用域开启严格模式

严格模式无须全局开启。可以对单独的块级（或函数）作用域开启严格模式，如代码清单 3-13 所示。

代码清单 3-13　对函数作用域开启严格模式

```
001  // 对函数作用域开启严格模式
002  function my_strict_function() {
003    'use strict';
004    function inner() { console.log('Me too.'); }
005    return 'I am in strict mode. ' + inner();
006  }
```

3.2.2　严格模式小结

在专业环境下，通常会开启严格模式，因为这可以防止产生许多潜在错误，并且支持更好的软件实践。但在初次学习 JavaScript 时，你也许应该关闭严格模式，以免遇到由高级内容导致的错误。

3.3　字面量

数字字面量可以是 1、25、100 等。字符串字面量可以是 "some text"。

可以使用运算符（+、-、/、* 等）来组合字面量，生成单独的结果。例如，要执行 5 + 2 操作，只需使用数字字面量 5 和 2 即可，如代码清单 3-14 所示。

代码清单 3-14　数字字面量示例

```
001  // 将两个数字字面量相加
002  5 + 2;                            7
```

如代码清单 3-15 所示，可以将两个字符串组合成一个句子。

代码清单 3-15　字符串字面量示例

```
001  // 将两个字符串组合成一个句子
002  "Hello" + " there.";          "Hello there."
```

将两个不同类型的字面量相加，将生成一个强制的值，如代码清单 3-16 所示。

代码清单 3-16　将不同类型的字面量相加

```
001  // Adding string to number to produce coerced value
002  "username" + 2574731;         "username2574731"
```

在 JavaScript 中，基本上所有的类型都存在字面量，如代码清单 3-17 所示。

代码清单 3-17   字面量类型

```
1;                      // 数字字面量
"some text.";           // 字符串字面量
[];                     // 数组字面量
{};                     // 对象字面量
true;                   // 布尔型字面量
function() {};          // 函数是一个值
```

这里有一个数组字面量 [] 和一个对象字面量 {}。

可以执行 {} + []，而不会中断程序，但该结果毫无意义。这种情形通常不会出现。

请注意，JavaScript 的函数可以作为一个值来使用。你甚至可以将它们作为参数传递给其他函数。通常并不将它们称作函数字面量，而是称作函数表达式。

如表 3-1 所示，每一个字面量都有对应的构造函数。

表 3-1   字面量与构造函数

值	类型（typeof）	构造函数
1	"number"	Number()
3.14	"number"	Number()
some text.	"string"	String()
▶[]	"object"	Array()
▶{}	"object"	Object()
true	"boolean"	Boolean()
ƒ f() {}	"function"	Function()

typeof() 函数可以用来确定字面量的类型。你也可以将 typeof 作为不带括号的独立关键字使用，例如 typeof x。

举例来说，typeof 1 将返回字符串 "number"，typeof {} 则会返回字符串 "object"。但是，"object" 并不表示它一定是对象字面量，例如，typeof new Number 也会返回 "object"，typeof new Array 也是如此。

不幸的是，没有 "array"（你会得到 "object"），但有一种典型的解决办法。为了检查一个值是否为数组，首先检查它的 typeof 是否返回 "object"，然后检查它是否存在 length 属性，因为只有数组才有该属性。

Number(1) 与 new Number(1)

可以使用字面量类型的构造函数来实例化一个值。不过，使用字面量更为常见，如代码清单 3-18 所示。

代码清单 3-18 Number 与 new Number

```
001 // 字面量
002 1 + 2;                                            // 3
003 // 使用Number函数
004 Number(1) + Number(2);                            // 3
005 // 使用Number对象的构造函数
006 new Number(1) + new Number(2);                    // 3
007 // 组合
008 1 + Number(2) + new Number(4);                    // 7
```

稍后将介绍 new。

3.4　变量

3.4.1　值占位符

变量是不同值的占位符。变量声明由定义和赋值组成，如图 3-2 所示。

图 3-2　变量声明是定义 + 赋值

定义变量的关键字有 var、let 和 const，但它们并不决定变量的类型，而只决定使用方式。稍后会详细讨论这些规则。代码清单 3-19 是一些示例。

代码清单 3-19　常见的赋值

```
001 var legacy = 1;                    // 使用传统的var关键字
002 let number = 1;                    // 赋数值
003 let string = "Hello.";            // 赋字符串
004 let array = [];                    // 赋数组字面量
005 let object = {a:1};                // 赋对象字面量
006 let json = {"a":1};                // 赋JSON1（对象）
007 let json2 = '{"a":1}';            // 赋JSON2（字符串）
008 let boolean = true;                // 赋布尔值
009 let inf = Infinity;                // 赋Infinity（数值）
010 let func = function(a) {return a};// 赋函数
011 let arrow = (a) => { a };         // 赋箭头函数
012 let fp = a => a;                   // 赋箭头表达式
013 let n = new Number(1);            // 赋数值对象
014 let o = new Object();             // 赋空对象
```

当将 1 赋给一个变量时，该变量的类型就会自动变为 number。如果这个值是一个字符串，那么变量的类型就是 string。

3.4.2　动态类型

JavaScript 是一门动态类型语言。这意味着使用关键字 var 或 let 定义的变量可以在之后的 JavaScript 程序中动态地重新分配其他类型的值。相反，在静态类型语言中，这样做会导致错误。

3.4.3　定义或声明

前面的图展示了 JavaScript 的变量声明。

尽管有人会争辩说定义就是声明，但是这种逻辑源自静态类型语言，JavaScript 并非如此。在静态类型语言中，声明确定变量的类型，这是因为编译器需要为变量类型分配内存（赋值号左侧）。因为 JavaScript 是动态类型语言，所以变量的类型是由值本身的类型来确定的（赋值号右侧）。

因此，这会让人感到困惑。左边的到底是声明、定义还是两者兼而有之？这些细节虽然与静态类型语言紧密相关，但在 JavaScript 及其他动态类型语言中没有多大意义。

3.5　引用传递

在计算中，常将数据从一处复制到另一处。由此，人们很自然地会想到当将值从一个变量赋给另一个变量时，会生成一个副本。但是，JavaScript 是通过**引用**进行赋值的，实际上并不会生成原始变量的副本，如代码清单 3-20 所示。

代码清单 3-20　引用

```
001 let x = { p: 1 };       // 创建新变量x
002 let y = x;              // y是x的引用
003 x.p = 2;               // 修改x的原始值
004 console.log(y.p);       // 2
```

在这里，创建变量 x，并将对象字面量 {p: 1} 赋给它。

这表示从现在开始，x.p 的值将等于 1。

创建一个新的变量 y，并将 x 赋给它。

现在，y 变为 x 的**引用**，而不是副本。

从现在开始，对 x 的任何修改都会反映到 y 中。

这就是将 x.p 的值改为 2 时，y.p 也会改变的原因。

可以说，现在 y"指向"赋给 x 的原始对象。

从该段代码开始到其结束，计算机的内存中只有一份 {p: 1}。多重赋值是通过引用来链接的，如代码清单 3-21 所示。

代码清单 3-21　引用链

```
001 let a = { p: 1 };       // 创建新变量a
002 let b = a;              // b是a的引用
003 let c = b;
004 let d = c;
005 let e = d;
006 let f = e;
007 let g = f;
008
009 a.p = 5;               // 修改a中的原始值
010
011 console.log(g.p);      // g.p现在也是5
```

3.6　作用域的怪癖

在作用域规则方面，JavaScript 有两个广为人知的怪癖，你应该对它们有所了解，以便在之后调试时节省时间。

3.6.1　怪癖 1：函数内的 let 和 const 与全局变量

在函数体内部使用 let 或 const 定义的变量不可以与同名的全局变量共存，如代码清单 3-22 所示。

代码清单 3-22　如果在函数体内部使用 let 或 const 定义局部变量 a，那么会发生 Reference-Error 错误

```
001 let a = "global a";
002 let b = "global b";
003
004 function x(){
005   console.log("x(): global b = " + b); // "global b"
006   console.log("x(): global a = " + a); // ReferenceError
007   let a = 1; // 不提升
008 }
009
010 x();
```

由于 let 关键字不会提升定义，且有一个全局变量 a，因此从逻辑上来讲，在函数 x 的内部，在使用 let a = 1 进行定义之前，变量 a 应该来自全局作用域。但是，事实并非如此。

如果函数内部已经存在变量 a（并且是使用 let 或 const 定义的），那么在函数内部的变量 a 的定义之前使用 a，就会发生 ReferenceError 错误，即使存在全局变量 a，也是如此！

3.6.2　怪癖 2：var 依附于 window/this 对象，而 let 和 const 不会

在全局作用域中，this 引用指向 window 对象或全局语境的实例。

当使用 var 关键字定义变量时，这些变量就依附于 window 对象，而使用 let 和 const 定义的变量不会这样，如代码清单 3-23 所示。

代码清单 3-23　var 和 let 的区别

```
001 console.log(this === window); // window
002
003 var c = "c"; // 依附于window（全局作用域中的this）
004 let d = "d"; // 独立于this
005
006 console.log(c);        // "c"
007 console.log(this.c);   // "c"
008 console.log(window.c); // "c"
009
010 console.log(d);        // "d"
011 console.log(this.d);   // 未定义
012 console.log(window.d); // 未定义
```

第 4 章

语　句

4

4.1　求值语句

语句是计算机程序的最小组成部分。本章将介绍一些常见的语句。

使用关键字 var、let 或 const 的定义会返回 undefined（如代码清单 4-1 所示），这是因为它们只进行赋值操作，而值仅存储在变量中。

代码清单 4-1　赋值语句本身会生成 undefined，而该值会存储在变量 a 中

```
001  let a = 1;                                  // undefined
```

但是，如果之后将赋值的变量 a 作为单独的语句使用，那么它会生成数值 1，如代码清单 4-2 所示。

代码清单 4-2　产生单个值而非 undefined 的语句可以被称为表达式

```
002  a;                                          // 1
```

语句**通常**会生成一个值，但当没有任何值可以返回时，语句的求值结果就是 undefined，这可以解释为 "没有值"，如图 4-1 所示。空语句的求值结果是 undefined，所有不生成值的语句也是如此，如变量赋值（006 ~ 010）和函数定义（017）。

语句	求值结果

```
001  ;                                    // undefined
002  1;                                   // 1
003  "text";                              // "text"
004  [];                                  // []
005  {};                                  // undefined
006  let a = 1;                           // undefined
007  let b = [];                          // undefined
008  let c = {};                          // undefined
009  let d = new String("text");          // undefined
010  let e = new Number(125);             // undefined
011  new String("text");                  // "text"
012  new Number(125);                     // 125
013  let f = function() { return 1 };     // undefined
014  f();                                 // 1
015  let o = (a, b) => a + b;             // undefined
016  o(1, 2);                             // 3
017  function name() {}                   // undefined
```

图 4-1   一些语句的求值结果是 undefined

尽管一些求值规则容易理解,但是特殊的规则可能需要死记硬背。举个例子,对**空对象字面量**求值会得到什么结果? 在 JavaScript 中,求值结果应该是 undefined。然而,对空数组 [](与空对象字面量紧密相关)的求值结果是空数组 [],而不是 undefined。

4.2   表达式

如代码清单 4-3 所示,表达式 1 + 1 生成数值 2。

代码清单 4-3   表达式不一定是变量定义。可以简单地将字面量与运算符进行组合,来创建表达式

```
003  1 + 1;                               // 2
```

在 JavaScript 中还存在另外一种特殊的表达式,如代码清单 4-4 所示。

代码清单 4-4   函数表达式

```
013  let f = function() { return 1 };     // undefined
014  f();                                 // 1
```

在代码清单 4-4 中,函数 f 的求值结果是 1,因为它返回 1。这就是此类函数通常被称为函数表达式的原因。

第 5 章

基本类型

5.1　基本类型

JavaScript 包含 7 种基本类型：`boolean`、`null`、`undefined`、`number`、`bigint`、`string` 和 `symbol`。基本类型会帮助我们处理如字符串、数值、布尔值等简单的值。来看看这些基本类型可以取什么值，如图 5-1 所示。

类　　型	值	构造函数
null	null	无
undefined	undefined	无
number	123　3.14	Number()
ES10 bigint	123n　256n	BigInt()
string	"Hello"	String()
boolean	true　false	Boolean()
ES6 symbol		无

图 5-1　JavaScript 的基本类型

一些基本类型有对应的构造函数。代码清单 5-1 展示了赋给变量名的一些基本类型。

代码清单 5-1　基本类型的赋值

```
001  let a = undefined;          // undefined
002  let b = null;               // null
003  let c = 12;                 // 整数
004  let d = 4.13;               // 浮点数
005  let e = 100n;               // 大整数（超过2⁵³的值）
006  let f = "Hello.";           // 文本字符串
007  let g = Symbol();           // 创建symbol
008  console.log(typeof g);      // "symbol"
```

数值、字符串和布尔值是基本的值单位。可以以文字形式写出它们：数值可以是 123 或 3.14；字符串可以是 "string" 或模板字符串，如 `` `I have {$number} apples.` ``（请注意是反引号，这使你能够灵活地将变量嵌入到字符串中）；布尔值只能是 true 或 false。可以使用运算符来组合基本类型，将基本类型传递给函数，或作为值分配给对象属性。

　　Number()、BigInt()、String() 和 Boolean() 是基本的构造函数。本书将适时介绍构造函数和类。接下来更详细地介绍基本类型。

5.1.1　boolean

boolean（布尔类型）只能取 true 或 false，如图 5-2 和图 5-3 所示。

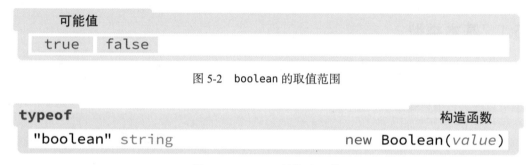

图 5-2　boolean 的取值范围

图 5-3　boolean 的构造函数

5.1.2　null

对 null 应用 typeof 运算符的结果是 "object"，如图 5-4 所示。

typeof	构造函数
"object" string	无

图 5-4　查看 null 的类型

　　有些人认为这是 JavaScript 的一个错误，因为 null 没有构造函数，并不是对象。他们可能是对的。

5.1.3　undefined

图 5-5 展示了对 undefined 应用 typeof 运算符的结果。

typeof	构造函数
"undefined" string	无

图 5-5　查看 undefined 的类型

undefined 是 JavaScript 中的特殊类型。它并不是对象，只是在你命名一个变量而未对其赋值时，JavaScript 会使用的一个值。并且，提升变量也会被自动赋上 undefined 值。

5.1.4 number

图 5-6 展示了 number（数值类型）的取值示例。

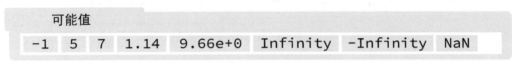

图 5-6 number 的取值示例

number 可以取负值、正值或小数（通常称为浮点数），甚至连 Infinity 值也有正负之分。如果你拥有数学背景，就能更好地理解这一点。

从技术上来讲，NaN 是语句可以求得的一个非数字值。它可以直接通过 Number.NaN 获取。但从字面上看，正如其名，它既不是 number 类型，也不是 Number 对象。例如，它可以是字符串，如图 5-7 所示。

图 5-7 查看 number 的类型

如代码清单 5-2 所示，对数值应用 typeof 运算符的结果是 "number"（请注意，返回值是字符串格式）。

代码清单 5-2 应用 typeof 运算符

```
001  // typeof运算符返回字符串格式的值类型
002  typeof -1;            "number"
003  typeof 5;             "number"
004  typeof 7;             "number"
005
006  // 使用构造函数new Number()来创建数字
007  let number = new Number(7);    "object"
008  typeof number;            "object"
009  typeof number.valueOf();        "number"
```

该示例展示了基本类型的字面量（-1、5、7 等）与 Number 对象之间的区别。在实例化之后，值就不再是字面量，而是该类型的一个对象。

要从对象获取 number 类型，请对 valueOf 方法使用 typeof，如以上示例中的 typeof number.valueOf(); 所示。

5.1.5　ES10 bigint

bigint 是 ES10 新增的基本类型，直到 2019 年夏天才启用。它的取值如图 5-8 所示。

值
1n 32000n 9007199254740991n 9007199254740993

图 5-8　bigint 的取值示例

过去，使用数字字面量或 Number() 构造函数创建的最大数值存储在 Number.MAX_SAFE_INTEGER 中，为 9 007 199 254 740 991。利用 bigint 类型，可以指定比 Number.MAX_SAFE_INTEGER 大的数值，如图 5-9 和代码清单 5-3 所示。

typeof	构造函数
"bigint" string	new BigInt(*value*)

图 5-9　bigint 的类型和构造函数

代码清单 5-3　bigint 类型

```
001  const limit = Number.MAX_SAFE_INTEGER;
002  // 9007199254740991
003
004  limit + 1;
005  // 9007199254740992
006
007  limit + 2;
008  // 仍为9007199254740992 (MAX_SAFE_INTEGER + 1)
009
010  const small = 1n; // 1n
011  const larger = 9007199254740991n; // 9007199254740991n
012
013  const integer = BigInt(9007199254740991); // 初始化为数值
014  // 9007199254740991n
015
016  const big = BigInt("9007199254740991"); // 初始化为字符串
017  // 9007199254740991n
018
019  big + 1;
020  // 9007199254740993n，超过旧的数值限制
```

不同数值类型之间的区别如代码清单 5-4 所示。

代码清单 5-4 不同的数值类型

```
001   typeof 10;  // 'number'
002   typeof 10n; // 'bigint'
```

两种类型之间可以使用相等运算符，如代码清单 5-5 所示。

代码清单 5-5 使用相等运算符

```
001   10n === BigInt(10); // true
002   10n == 10;          // true
```

数学运算符只能用于相同的类型，如代码清单 5-6 所示。

代码清单 5-6 使用数学运算符

```
001   200n / 10n; // 20n
002   200n / 20;  // 未捕获TypeError
003              // 不可以将bigint与其他类型混合
004              // 请使用显式转换
```

最前面的 - 正常执行，而 + 没有，如代码清单 5-7 所示。

代码清单 5-7 - 与 +

```
001   -100n // -100n
002   +100n // 未捕获TypeError
003        // 不可以将bigint值转换为数字
```

5.1.6 string

图 5-10 是 string（字符串类型）的取值示例。

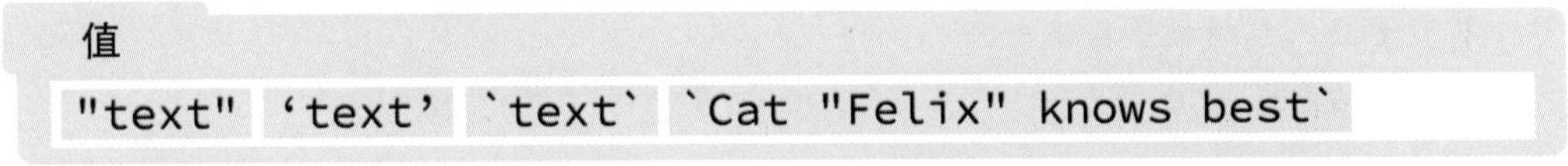

值
"text" 'text' `text` `Cat "Felix" knows best`

图 5-10 string 的取值示例

字符串值是使用任何可用的引号字符来定义的，其中包括双引号、单引号和反引号（与波浪号位于同一键）。此外，还可以在单引号中嵌套双引号，反之亦然。图 5-11 展示了对 string 应用 typeof 运算符的结果。

typeof	构造函数
"string" string	new String(*value*)

图 5-11 查看 string 的类型

如代码清单 5-8 所示，对字符串值应用 typeof 运算符的结果是 "string"。

代码清单 5-8　查看 string 的类型

```
001 | // typeof运算符返回字符串格式的值类型
002 | typeof "text";                    "string"
003 | typeof "JavaScript Grammar";       "string"
004 | typeof "username" + 25;            "string"
```

也可以使用 String() 构造函数来创建字符串类型的对象，如代码清单 5-9 所示。

代码清单 5-9　使用 String() 构造函数创建字符串类型的对象

```
001 | // 使用String()构造函数来创建该类型的对象
002 | let string = new String("hi."); "object"
003 | typeof string;                   "object"
004 | typeof string.valueOf();          "string"
```

请注意，第一个 typeof 返回的是 "object"，因为这时该对象已经被实例化（这与基本类型的字面量不同，字面量只是 string 类型）。为了获取实例化对象的值，要使用 valueOf 方法，并使用 typeof string.valueOf 来确定该对象的类型。

5.2　ES6 模板字符串

使用反引号定义的字符串具有特殊的功能。可以通过这种方式创建模板字符串（也称为模板字面量），以便在字符串中嵌入动态的变量值，如图 5-12 所示。

定义一个变量：

```
let apples = 10;
```

将变量嵌入到模板字符串中：

```
`There are ${apples} apples in the basket.`
```

结果：

```
There are 10 apples in the basket.
```

图 5-12　模板字符串示例

反引号不可以用来定义**对象字面量**的属性名（必须使用单引号或双引号）。

JSON 格式要求对象的属性名必须用**双引号**包裹（反引号不会起任何作用，也不会引发错误），如代码清单 5-10 所示。

代码清单 5-10　JSON 格式要求对象的属性名必须使用双引号

```
001 // 创建一个对象字面量
002 let object_literal = {`a` : 1}; // 非法字符错误
003
004 // 创建一个格式正确的JSON字符串
005 let json1 = '{`a` : 1}'; // JSON格式错误（反引号）
006 let json2 = '{ a : 1}'; // JSON格式错误（无引号）
007 let json3 = "{'a' : 1}"; // JSON格式错误（单引号）
008 let json4 = '{"a" : 1}'; // JSON格式正确（' + 双引号）
009 let json5 = `{"a" : 1}`; // JSON格式正确（` + 双引号）
```

后文将详细介绍 JSON。

富有创造性的用例

　　模板字符串可以用来解决基于动态数值、以恰当的语言形式生成消息的问题，其中一个典型用例就是生成警告消息，如代码清单 5-11 所示。

代码清单 5-11　模板字符串的用例

```
001 for (let alerts = 0; alerts < 4; alerts++) {
002   let one = (alerts == 1);      // 一个警告？
003   let is = one ? "is" : "are"; // 选择is或are
004   let s = one == 1 ? "" : "s"; // 后面加s或空格
005
006   // 生成正确的英文消息
007   let message = `There ${is} ${alerts} alert${s}.`;
008   console.log(message);
009 }
```

　　每当只有一个警告时，就必须删除单词 alerts 最后的 s。但是，我们不想仅为一种情况另外创建一个字符串。

　　有鉴于此，可以动态计算警告个数，并据此确定使用哪一个动词（is 或 are），如图 5-13 所示。

```
There are 0 alerts.
There is 1 alert.
There are 2 alerts.
There are 3 alerts.
>
```

图 5-13　正确使用单词

如图 5-14 所示, 这里使用了由 ? 和 : 组成的**三元运算符**。可以将三元运算符看作内联 if 语句。三元运算符并不需要 {}, 因为它并不支持多条语句。

图 5-14　三元运算符示例

其中, ? 可以解释为 if-then 或 "如果前面语句的结果为真"; : 可以解释为 else。

5.3　symbol

symbol (符号类型) 没有构造函数, 如图 5-15 所示。

图 5-15　symbol 类型没有构造函数

symbol 类型提供了一种定义唯一键的方法。

如代码清单 5-12 所示, 由于 symbol 类型没有构造函数, 因此无法使用 new 来初始化。

代码清单 5-12　不能用 new 初始化 symbol

```
001 let sym = new Symbol('sym'); // TypeError
```

只需为 symbol 赋值就能创建一个具有唯一 ID 的新 symbol, 如代码清单 5-13 所示。

代码清单 5-13　创建符号

```
001 let sym = Symbol('sym'); // 创建的符号
```

但是, 该 symbol 的 ID 并不是用户定义的字符串 sym, 而是在内部创建的。以下示例可以说明这一点。

乍一看, 我们可能会对代码清单 5-14 中的语句结果是 false 感到奇怪。

代码清单 5-14　有悖直觉的结果

```
001 Symbol('sym') === Symbol('sym'); // false
```

每当调用 Symbol('sym') 时，就会创建唯一的 symbol。由于比较在两个逻辑不同的 ID 之间进行，因此结果是 false。

symbol 可以用来定义私有对象的属性。这与一般的（公开的）对象属性不同。不过，使用 symbol 创建的公开属性和私有属性可以属于同一个对象，如代码清单 5-15 所示。

代码清单 5-15　利用 symbol 定义对象属性

```
001 let sym = Symbol('unique');
002 let bol = Symbol('distinct');
003 let one = Symbol('only-one');
004 let obj = { property: "regular property",
005           [sym]: 1,
006           [bol]: 2 };
007 obj[one] = 3;
```

本例使用对象字面量语法创建了对象 obj，并将它的属性 property 定义为 string 类型，第 2 个属性则使用第一行创建的 [sym] 来定义。[sym] 的值为 1。我们以同样的方式添加了第 2 个 symbol 属性 [bol]，并将其赋值为 2。第 3 个 symbol 属性 [one] 则通过 obj[one] 直接添加到对象中。

打印对象时将同时显示私有属性和公开属性，如代码清单 5-16 所示。

代码清单 5-16　同时显示私有属性和公开属性

```
001 console.log(obj);
002 property: "regular property"
003 Symbol(distinct): 2
004 Symbol(only-one): 3
005 Symbol(unique): 1
```

基于 symbol 的私有属性对 Object.entries、Object.keys 及其他迭代器（如 for...in 循环）是不可见的，如代码清单 5-17 所示。

代码清单 5-17　基于 symbol 的私有属性不可见

```
004 for (let prop in obj)
005     console.log(prop + ": " + obj[prop]);
006 // property: regular property
007
008 console.log(Object.entries(obj));
009 // (2) ["property", "regular property"]
010 // length: 1
```

除此之外，symbol 属性对 JSON.stringify 方法也是不可见的，如代码清单 5-18 所示。

代码清单 5-18　symbol 属性对 JSON.stringify 方法不可见

```
001 console.log(JSON.stringify(obj));
002 // {"property":"regular property"}
003
```

为什么要对 JSON 的 stringify 隐藏基于 symbol 的属性呢？

实际上这是很明智的做法。如果对象需要拥有仅与该对象的工作方式相关、与它所表示的数据无关的私有属性，那该怎么办？这些私有属性可以用于各种计数器或临时存储。

私有方法或私有属性的深层思想是保持它们对外部不可见。它们仅满足内部实现的需求。私有实现在序列化对象时并不重要。

然而，symbol 属性可以通过 Object.getOwnPropertySymbols 方法来公开，如代码清单 5-19 所示。

代码清单 5-19　通过 Object.getOwnPropertySymbols 方法公开 symbol 属性

```
012 console.log(Object.getOwnPropertySymbols(obj));
013 // [Symbol(unique)]
014 // 0: Symbol(unique)
015 // 1: Symbol(distinct)
016 // 2: Symbol(only-one)
017 // length: 3
```

尽管如此，不应该使用 Object.getOwnPropertySymbols 方法公开私有属性。它的唯一用途应该是调试。

symbol 可以用来区分私有属性和公开属性。这就像是"将山羊与绵羊分开"，因为即使它们提供了类似的功能，但当 symbol 属性被用于迭代器或 console.log 函数时，属性也会被忽略。

当需要唯一的 ID 时，可以使用 symbol。因此，它们也可以用来创建 ID 的枚举列表中的常量，如代码清单 5-20 所示。

代码清单 5-20　枚举季节

```
001 const seasons = {
002     Winter: Symbol('Winter');
003     Spring: Symbol('Spring');
004     Summer: Symbol('Summer');
005     Autumn: Symbol('Autumn');
006 }
```

全局 symbol 注册表

正如前文所述，Symbol("string") === Symbol("string") 的结果是 false，这是因为所创建的两个 symbol 是不同的。不过，有一种创建字符串键的方法可以覆盖使用相同的名字创建的 symbol，这就是 symbol 的全局注册表。它可以使用 Symbol.for 和 Symbol.keyFor 进行访问，如代码清单 5-21 所示。

代码清单 5-21　Symbol.for

```
001 let sym = Symbol.for('age');
002 let bol = Symbol.for('age');
003
004 obj[sym] = 20;
005 obj[bol] = 25;
006
007 console.log(obj[sym]);
008 // 25
```

对象私有的 symbol 属性 obj[sym] 输出的值为 25（该值原本赋给 obj[bol]），这是因为 sym 和 bol 两个变量在定义时都绑定到了全局 symbol 注册表中的同一个键 age。

换句话说，这两个定义共享同一个键。

5.4　构造函数和实例

构造函数不同于**实例**。构造函数是自定义对象类型的定义。实例是使用 new 运算符通过构造函数来实例化的对象。

创建一个自定义的构造函数 Pancake，其中包含一个对象属性 number 和一个 bake 方法，该方法在被调用时会将煎饼的个数加 1，如代码清单 5-22 所示。

代码清单 5-22　自定义构造函数 Pancake

```
001 // 创建一个自定义的构造函数
002 let Pancake = function() {
003     // 创建对象属性
004     this.number = 0;
005     // 创建对象方法
006     this.bake = function() {
007         console.log("Baking the pancake...");
008         // 将煎饼的个数加1
009         this.number++;
010     };
011 }
```

注意，属性和方法都是通过 this 关键字附加到对象上的。

构造函数只是对象类型的设计。为了使用对象，我们必须将其实例化，如代码清单 5-23 所示。当实例化对象时，就会在计算机内存中创建该对象的一个实例。

代码清单 5-23　实例化对象

```
001  // 实例化煎饼机
002  let pancake = new Pancake();
```

用 bake 方法来烘焙 3 个煎饼，这会使煎饼计数器的值增加，如代码清单 5-24 所示。

代码清单 5-24　烘焙 3 个煎饼

```
001  // 烘焙3个煎饼
002  pancake.bake(); // "Baking the pancake..."
003  pancake.bake(); // "Baking the pancake..."
004  pancake.bake(); // "Baking the pancake..."
```

现在看一下 pancake.number 的值，如代码清单 5-25 所示。

代码清单 5-25　pancake.number 的值为 3

```
001  console.log( pancake.number ); // 3
```

你可以查看该构造函数的类型。如代码清单 5-26 所示，构造函数 Pancake 是 Function 类型的一个对象，所有的自定义对象都是如此。这是因为函数本身就是构造函数。

代码清单 5-26　查看构造函数 Pancake 的类型

```
001  console.log(Pancake.constructor); // function Function() {}
```

但是，如果通过实例化的对象来输出构造函数，那么会看到**字符串**格式的整个函数体，如代码清单 5-27 所示。

代码清单 5-27　通过实例化的对象输出构造函数

```
001  console.log(pancake.constructor);
002
003  let Pancake = function() {
004      // 创建对象属性
005      this.number = 0;
006      // 创建对象方法
007      this.bake = function() {
008          console.log("Baking the pancake...");
009      };
010  }
```

实际上，通过将函数体以字符串格式提供给 Function 的构造函数，可以创建一个全新的函数，如代码清单 5-28 所示。

代码清单 5-28　创建全新的函数

```
001  let body = "console.log('Hello from f() function!')";
002
003  let f = new Function(body);
004
005  f(); // Hello from f() function!
```

由此可知，Function 是创建 JavaScript 函数的构造函数。

不过，在创建自己的 Pancake 函数时，Pancake 成了自定义对象的构造函数，你也可以使用 new 来初始化该对象。

5.5　对基本类型执行方法

5.5.1　使用括号访问对象属性

括号运算符让你可以控制先对哪条语句求值，这就是它的主要用途。例如，语句 5 * 10 + 2 与 5 * (10 + 2) 是不一样的。

不过，括号有时也会用来访问成员方法或属性。你可以直接对基本类型的字面量执行方法。这会自动将字面量转换为对象，以便执行方法。在某些情况下，如针对 number 类型，必须先将字面量用括号括起来，否则程序将不会有反应，如代码清单 5-29 所示。

代码清单 5-29　使用括号将字面量转换为对象

```
001  // 不可以直接对字面量执行Number对象的方法
002  1.toString();                    // 这会中断执行流程
003
004  // 但通过使用括号，可以将数字字面量转换为对象
005  (1).toString();                  // "1"
006
007  // 对字符串执行方法无须括号
008  "hello".toUpperCase();           // "HELLO"
009
010  // 但如果使用括号，也可以正常执行
011  ("hello").toUpperCase();         // "HELLO"
012
013  // 直接对Number对象执行toString方法
014  new Number(1).toString();        // "1"
```

字面量只是字面量，通过访问其属性，它会变为对对象实例的引用。因此，可以对字面量执行对象方法。

5.5.2　连接方法

在 JavaScript 中，函数可以返回 this 关键字或其他任意的值（包括函数）。因此，可以使用点运算符来连接多个方法，如代码清单 5-30 所示。

代码清单 5-30　使用点运算符连接多个方法

```javascript
"hello".toUpperCase().substr(1, 4); // "ELLO"
```

第6章

强制类型转换

如果从零开始学习 JavaScript，你也许会对该语言的一些语句求值结果感到困惑。

举一个例子，如果随意地将不同类型的值相加，并用 + 运算符将它们连在一起，结果会怎么样呢？请看图 6-1。

```
001 │ console.log(null + {} + true + [] + [5]);
```

> null[object Object]true5
> |

图 6-1　将不同类型的值相加

结果是一个字符串。这也许让人感到困惑，毕竟这条语句中没有一个值是字符串！那这是怎么回事呢？

答案：当 + 运算符遇到不同类型的对象时，会试着将这些对象强制转换为字符串格式的值。在本例中，我们将得到一条新的语句："null[object Object]" + true + [] + [5]。

另外，当 + 运算符的一边是字符串时，它会试着将另一边强制转换为字符串，并执行字符串的相加操作。

对 true 调用 toString 的结果是 "true"。当运算符的另一边是字符串时，对空数组 [] 调用 toString 的结果是 ""（这就是结果中看起来缺少它的原因）。最后，在将 [5] 加到字符串中时调用 [5].toString，结果是 "5"。

6.1　强制类型转换示例

代码清单 6-1 是强制类型转换的一些典型示例。

代码清单 6-1　强制类型转换示例

```
001  //典型的强制类型转换有时会带来意想不到的结果
002  let a = true + 1;               // 变为1 + 1，即2
003  let b = true + true;            // 变为1 + 1，即2
004  let c = true + false;           // 变为1 + 0，即1
005  let d = "Hello" + " " + "there.";// 变为"Hello there."
006  let e = "Username" + 1523462;   //  变为"Username1523462"
007  let f = 1 / "string";           // NaN，意即不是数字
008  let g = NaN === NaN;            //  变为false
009  let h = [1] + [2];              //  变为"12" <string>
010  let i = Infinity;               // 仍为Infinity
011  let j = [] + [];                //  变为"" <string>
012  let k = Infinity;               // 是Infinity <number>
013  let l = Infinity;               // 仍为Infinity
014  let m = Infinity;               // 仍为Infinity
015  let n = Infinity;               // 仍为Infinity
016  let o = [] + {};                // 变为[object Object]
```

如果将无意义的类型组合提供给 JavaScript 运算符，那么 JavaScript 将尽可能地提供最佳的可用值。

将一个对象字面量 {} 与一个数组 [] 相加有什么意义呢？准确地说，这毫无意义，但通过对 [] 求值，我们至少可以在发生这种情况时避免破坏代码。

虽然这种安全机制会防止程序中断，但是，实际上这种情况几乎永远不会出现。我们可以仅将上述情况中的大多数作为示例来对待，而不必在代码中真的这样做。

6.1.1　构造函数中的强制类型转换

在将一个初始值提供给类型构造函数时，也会进行强制类型转换，如代码清单 6-2 所示。

代码清单 6-2　构造函数中的强制类型转换

```
001  let A = Boolean(true);          // true
002  let B = Boolean([]);            // true
003  let C = Boolean({});            // true
```

在后两种情况中，我们分别将一个数组字面量 [] 和一个对象字面量 {} 提供给 Boolean 构造函数。这是什么含义呢？这基本上没有什么含义，但重点是在这种怪异的情况下，至少求值为 true。

代码清单 6-3 展示了一种安全机制，可以防止错误发生。

代码清单 6-3　基于实参初始化布尔值

```
001 // 基于实参来初始化一些布尔值
002 let p = Boolean(false);      // false
003 let q = Boolean(NaN);        // false
004 let r = Boolean(null);       // false
005 let s = Boolean(undefined);  // false
006 let t = Boolean('');         // false
007 let u = Boolean(0);          // false
008 let v = Boolean(-0);         // false
```

对没有意义的值求值，结果仍然为 true 或 false，这是因为布尔类型只取这两个值。

其他内置数据类型的构造函数与此相同。JavaScript 会尽可能地将值强制转换为该类型的理想值。

6.1.2　强制类型转换详解

强制类型转换是指将值从一种类型转换为另一种类型。例如，将数值转换为字符串，将对象转换为字符串，将字符串转换为数值（前提是字符串由数字字符组成），等等。

然而对于初学者来说，当值与不同的运算符一起使用时，并不是所有的情况都很直观。

举例来说，代码清单 6-4 的逻辑可能难以理解。

代码清单 6-4　强制类型转换示例

```
001 [] == [];      // false
```

因为 [] 的两个实例是不同的，所以值为 false。JavaScript 的 == 运算符通过引用而不是值来判断对象，如代码清单 6-5 所示。

代码清单 6-5　强制类型转换示例

```
001 let a = [];
002 a == a;        // true
```

以上语句的求值结果为 true，这是因为变量 a 指向的实例与数组字面量相同。它们引用的是内存中的同一个位置。

若是代码清单 6-6 这种情况，结果会怎么样呢？尽管你在实际工作中不会编写这样的代码，但也需要理解这样的强制类型转换。

代码清单 6-6　强制类型转换示例

```
002 [] == ![];     // true
```

JavaScript 经常会将不同类型的值强制转换为字符串或数值，布尔类型也是如此，如代码清单 6-7 所示。

代码清单 6-7　布尔类型的强制类型转换

```
003 | true + false; // 1
```

以上语句与 1 + 0 是一样的。

代码清单 6-8 是另一个非常典型的例子。

代码清单 6-8　NaN 的强制类型转换

```
001 | NaN == NaN; // false
```

虽然这些示例一开始可能看起来很奇怪，但随着你对**类型**和**运算符**的了解加深，它们会变得越来越有意义。

先从简单的内容开始。一元加减运算符会将值强制转换为数字。如果该值不是数字，那么将生成 NaN，如代码清单 6-9 所示。

代码清单 6-9　生成 NaN

```
001 | const s = "text";
002 | console.log(-s); // NaN
```

在这里，一元减法运算符（-）无法将字符串 "text" 转换为数字。因此，这会返回 NaN，因为 "text" 并不是数字。

代码清单 6-10 使用 Number 构造函数来展示相同的逻辑。

代码清单 6-10　字符串的强制类型转换

```
001 | Number("text"); // NaN （"text" 不是数值字符串）
002 | Number("1");    // 1 （"1" 是数值字符串）
```

当将一元减法运算符应用于数字时，就会生成预期的值，如代码清单 6-11 所示。

代码清单 6-11　将一元减法运算符应用于数字

```
001 | const a = 1;
002 | console.log(-a); // -1
003 |
004 | const b = 1;
005 | console.log(+b); // 1
```

该规则仅适用于**一元运算符**。

数字和字符串的算术运算

当然，算术加法运算符（+）需要两个值，如代码清单 6-12 所示。

代码清单 6-12　加法运算

```
001 | 5 + 7; // 12
```

如果两个值都是整数，则执行**算术**运算。如果其中一个是字符串，则会进行强制类型转换，并执行**字符串**加法。

如果提供给算术加法运算符的两个值具有不同的类型，则必须解决此冲突。JavaScript 会通过**强制类型转换**来改变其中的一个值，再对整条语句进行求值，以得到更有意义的结果。

如果左边的值是字符串，右边的值是数字，那会怎么样呢？请参考代码清单 6-13。

代码清单 6-13　字符串与数字相加

```
001 | "1" + 1; // ???
```

这里的 + 会被看作字符串加法运算符。右值通过 String(1) 转换为 "1"，然后参与求值，结果如代码清单 6-14 所示。

代码清单 6-14　字符串加法运算

```
001 | "1" + "1"; // "11"
```

JavaScript 实际上包含 3 种加法运算符：一元加法运算符、算术加法运算符和字符串加法运算符。

在这里，JavaScript 将 + 看作算术加法运算符，而不是一元加法运算符。当其中的一个值是字符串时，JavaScript 就会应用字符串加法运算符。不管字符串是在左边还是在右边，都没有关系，语句的求值结果都是字符串，如代码清单 6-15 所示。

代码清单 6-15　数字与字符串相加

```
001 | 1 + "o1"; // "1o1"
```

运算符遵循特定的结合性规则。与其他大多数运算符一样，算术加法运算符**从左到右**求值，如图 6-2 所示。

从左到右

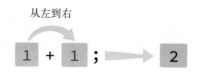

图 6-2　算术加法运算符从左到右求值

赋值运算符则从右到左求值，如图 6-3 所示。

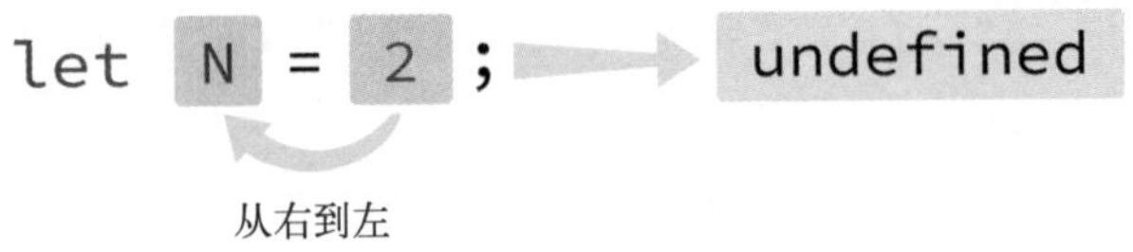

图 6-3   赋值运算符从右到左求值

请注意，在以上示例中，虽然 N 被赋值为 2，但语句本身的求值结果为 undefined，如图 6-4 所示。

图 6-4   N 被赋值为 2

6.2   多个值相加

语句通过多个运算符结合在一起的情况比较常见。图 6-5 所示语句的求值结果应该是什么呢？

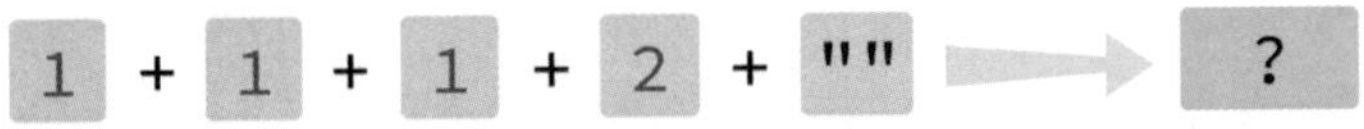

图 6-5   多个值相加

首先，所有纯数值会进行组合，如图 6-6 所示。

图 6-6   中间结果

但这不足以得出最终结果。其次，当将数值与字符串相加时，数值将被强制转换为字符串，然后执行字符串加法，如图 6-7 所示。

图 6-7   字符串加法

最后，我们得到了字符串格式的 "5"。

当数值与字符串相加时，数值总会先执行加法。这似乎是 JavaScript 的一个趋势。在后面的示例中，我们将使用相等运算符来比较数值和字符串。JavaScript 选择将字符串转换为数值，而不是将数值转换为字符串。

6.3　运算符优先级

有些运算符的优先级高于其他的运算符。例如，乘法将在加法之前进行运算。

我们来看一下如图 6-8 所示的语句示例。

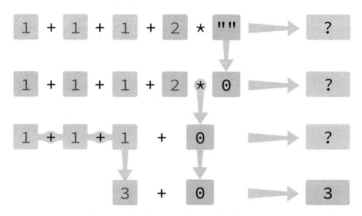

图 6-8　数值与字符串相乘

这里会执行几个操作。如图 6-9 所示，字符串 `""` 将被强制转换为 `0`，`2 * 0` 的运算结果为 `0`。

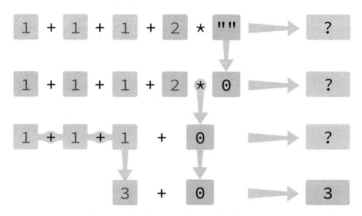

图 6-9　字符串 `""` 被强制转换为 0

在执行乘法运算之后，`1 + 1 + 1` 将执行，结果是 3。

最后，`3 + 0` 的运算结果是 3。

6.4　字符串与数值的比较

当遇到相等运算符 `==` 时，与 `Number(string)` 函数转换为数值（或 NaN）的方式一样，数值字符串会转换为数值。

根据 ES 规范，相等运算符两边的字符串和数值之间的强制类型转换如下所示。

(1) 数值字符串和数值的比较（见图 6-10）

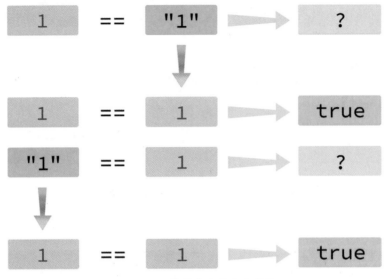

图 6-10　比较数值字符串和数值

(2) 非数值字符串和数值的比较（见图 6-11）

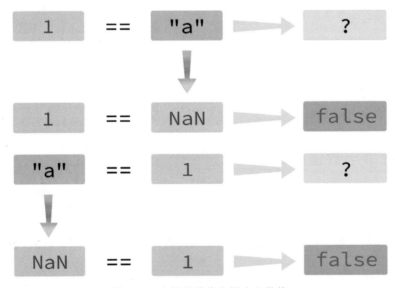

图 6-11　比较非数值字符串和数值

如果字符串不包含数值，那么它将转换为 NaN，因此最终的运算结果为 false。

(3) 其他的比较

其他不同类型之间的比较（布尔型与字符串、布尔型与数值等）也遵循相似的规则。随着持续编写 JavaScript 代码，最终你会对此形成一种直觉。

在复杂的情况下，下文中的运算符优先级和结合性一览表会为你提供帮助。

6.5　运算符优先级和结合性一览表

JavaScript 中的运算符**优先级**大致分为 20 个等级。括号（）可以改变优先级的默认顺序。如图 6-12 所示，红色值在**结合性**顺序中排在前面，例如，减法运算符是红色减去蓝色。赋值运算符遵循从右到左的顺序。

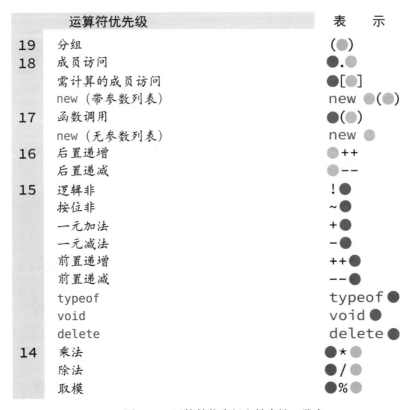

图 6-12　运算符优先级和结合性一览表

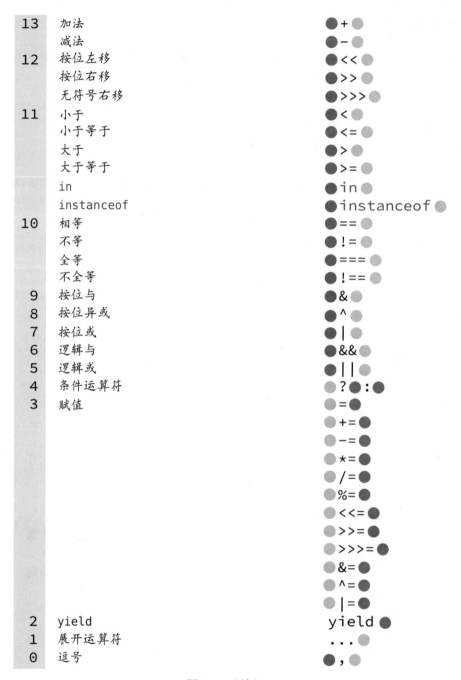

图 6-12 （续）

结合性遵循**从左到右**或**从右到左**的顺序，它决定了运算顺序，这通常是针对需要多个值的运算符。

6.6 左值和右值

在许多计算机语言中，运算符左侧的值被称为**左值**，右侧的值被称为**右值**。在 ES 规范中，它们通常被称为 x 值和 y 值。

6.6.1 赋值运算符

如图 6-13 所示，赋值运算符接受**右值**，并将其传给**左值**。左值通常是一个变量名。

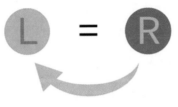

图 6-13 赋值运算符

6.6.2 算术加法运算符

算术加法运算符接受**左值**，并将其与**右值**相加，如图 6-14 所示。

图 6-14 算术加法运算符

按照这种逻辑，可以使用图 6-12 中的优先级一览表分析复杂语句的求值顺序。

6.7 null 与 undefined

由于基本类型 null 并不是对象（不过有些人认为它是），因此它并不像其他类型那样拥有内置的构造函数。幸运的是，我们可以（并且应该）使用它的字面量 null。

可以将 null 看作显式地将"无"值或"空"值赋给一个变量的唯一类型。这样就不会得到 undefined 的结果。

如果未将变量赋为 null，那么它的值将默认为 undefined，如代码清单 6-16 所示。

```
001 │ // 定义一个变量，而不赋值（这可不太好）
002 │ let bike;
003 │
004 │ console.log(bike); // undefined
```

也可以显式地将变量赋为 undefined，来实现相同的效果，如代码清单 6-17 所示。

```
001 │ // 显式地将变量赋为undefined
002 │ let bike = undefined;
003 │
004 │ console.log(bike); // undefined
```

但是，应该避免这种情况。如果在定义变量时不知道它的值，那么最好使用 null，而不是 undefined。

在赋实际的对象数据之前，null 会为变量赋一个临时的默认值。

初始化或更新

在实际情况下，null 值可以帮助我们判断是需要初始化数据，还是只需要更新现有数据。

请看一个实际的示例，如代码清单 6-18 所示。

```
001 │ // 显式地将null赋为默认变量名
002 │ let bike = null;
003 │
004 │ // 类定义
005 │ class Motorcycle {
006 │   constructor(make, model, year) {
007 │     this.make = make;
008 │     this.model = model;
009 │     this.year = year;
010 │     this.features = null;
011 │   }
012 │   getFeatures() {
013 │
014 │     // 1.首次从数据库下载特性
015 │     if (this.features == null) {
016 │       this.features = { /* 从数据库获取特性 */ }
017 │
```

```
018        // 2.如果它已经包含数据，则更新特性对象
019        } else {
020          this.features = { /* 从数据库获取特性 */ }
021        }
022    }
023
024    // 实例化新的bike类
025    bike = new Motorcycle("Kawasaki", "Z900RS CAFE", 2019);
026
027    // 从数据库获取特性
028    bike.getFeatures();
```

在本例中，我们将 null 赋给 bike。在随后的代码中，该变量被实例化为一个真实的对象。在程序中，bike 一直都不是 undefined，哪怕是在它被首次初始化之前也不是。

在对象内部，this.features 属性也被赋为 null。之后，我们或许可以从数据库下载特性列表。在这之前，可以确定该特性对象未被填充。这让我们可以区分两种典型的情况：首次下载数据（如果 this.features == null）和更新现有数据（之前已经下载了数据）。

第 7 章

作 用 域

7

作用域就是用 {} 括起来的区域。请注意，不要将作用域与空的对象字面量相混淆。

作用域包含 3 种类型：全局作用域、块级作用域和函数作用域。 每种作用域对变量定义的要求不同，且规则唯一。

事件回调函数的规则与函数作用域相同，它们用在与其稍有不同的语境中。循环拥有自己的块级作用域。

7.1 变量定义

7.1.1 区分大小写

如代码清单 7-1 所示，变量是区分大小写的，这意味着 a 和 A 是不同的变量。

代码清单 7-1 a 和 A 是不同的变量

```
001 let a = 1;
002 let A = "hello";
003
004 console.log(a);                              // 1
005 console.log(A);                              // "hello"
```

7.1.2 定义

可以使用关键字 var、let 和 const 来定义变量。

当然，如果引用一个未定义的变量，就会发生 ReferenceError 错误，即"变量名未定义"，如代码清单 7-2 所示。

代码清单 7-2　引用未定义的变量会导致 ReferenceError 错误

```
001 | console.log( apple ); // ReferenceError: apple未定义
002 |
003 | {
004 |
005 | }
```

基于该代码，人们使用 var 关键字和变量提升来探讨变量定义。在 let 和 const 出现之前，传统的模型只支持 var 定义，如代码清单 7-3 所示。

代码清单 7-3　使用 var 定义变量

```
001 | var apple = 1;
002 |
003 | {
004 |     console.log( apple ); // 1
005 | }
```

在本例中，apple 虽然定义在全局作用域中，但也可以被内部的块级作用域访问。在全局作用域中定义的所有内容（甚至是函数定义）都可以用于程序的任何地方，其值面向所有的内部作用域。若在全局作用域中使用 var 关键字定义变量，该变量也会自动变为 window 对象的属性，如图 7-1 所示。

图 7-1　在全局作用域中使用 var 定义变量

7.2　变量提升

如果在块级作用域中使用 var 关键字来定义 apple，那么它将被提升到全局作用域！提升就是"升起""放到上面"的意思。

变量提升仅限于使用 var 关键字定义的变量和使用 function 关键字定义的函数。使用 let 和 const 定义的变量并不会被提升，它们只可以在其被定义的作用域中使用。一个例外是，使用 var 关键字在函数作用域中定义的变量并不会被提升。通常，人们讲的变量提升是针对块级作用域而言的。本章稍后会更详细地介绍变量提升。

同样，在全局作用域中定义的变量基本上可以面向全局语境中定义的全部其他作用域，包括块级作用域、for-loop 作用域、函数作用域，以及使用 setTimeout、setInterval 或者 addEventListener 等函数创建的事件回调函数，如图 7-2 所示。

●var   ○ 可见性   ● 定义

全局作用域

块级作用域

for-loop作用域

函数作用域

setTimeout事件回调函数

addEventListener事件回调函数

图 7-2   在全局作用域中定义的变量基本上面向全部其他作用域

如图 7-3 所示，如果在块级作用域内部定义一个变量，那么会怎么样呢？

```
001 console.log( apple ); // undefined
002
003 {
004     var apple = 1;
005 }
```

图 7-3   在块级作用域内部定义变量

虽然变量 apple 被提升到全局作用域，但是被提升变量的值当前是 undefined，并不是 1。由此可见，只有它的名称定义被提升了。

变量提升类似于一种安全特性。在编写代码时，不应该依赖该机制。虽然你的程序不会发生错误和执行中断，但在全局作用域中不会持有被提升变量的值。值得庆幸的是，JavaScript 中的变量提升是自动执行的。在编写代码的大部分时间里，你无须关注它。

7.3 函数提升

函数也可以进行提升，虽然如此，但变量提升通常是优先执行的。本节将介绍函数提升的原理。可以在代码中调用一个函数，只要随后定义这个函数即可，如代码清单 7-4 所示。

代码清单 7-4　在定义函数之前先调用

```
001  fun(); // Hello from fun() function.
002
003  function fun() {
004      console.log("Hello from fun() function.");
005  }
```

请注意，函数的定义可位于调用之后，这在 JavaScript 中是合法的。你只需知道这是因为函数提升就可以了，如图 7-4 所示。

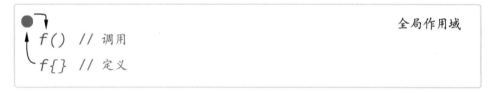

全局作用域

```
f() // 调用
f{} // 定义
```

图 7-4　函数提升

当然，如果函数在被调用之前已经进行了定义，那么虽然提升处理将不会进行，但程序仍会正常执行。当函数被调用时，函数体内部的语句就会被执行。无名函数可以被指定为值本身，如代码清单 7-5 所示。

代码清单 7-5　函数在定义后进行调用

```
001  function fun() {
002      console.log("Hello from fun() function 1.");
003  }
004
005  // 以上代码等同于:
006  var fun = function() {
007      console.log("Hello from fun() function 2.");
008  }
```

可以将匿名函数赋给变量名。请注意，赋给变量名的匿名函数并不会像非匿名函数一样被提升。该 JavaScript 代码是合法的，并不会发生函数重定义错误。该函数会被第 2 个定义重写。

尽管 fun() 是一个函数，但当我们创建新变量 fun，并将另外一个函数赋给它时，我们对原始函数进行了重命名。如代码清单 7-6 所示，如果调用 fun()，会怎么样呢？

代码清单 7-6　调用函数 fun()

```
001  fun(); // ?
```

哪一个函数体将会被执行呢？请见代码清单 7-7。

代码清单 7-7　执行结果

```
002  "Hello from fun() function 2."
```

你或许认为代码清单 7-8 将引发重定义错误。

代码清单 7-8　这仍是合法代码

```
001  function fun() {
002    console.log("Hello from fun() function 1.");
003  }
004
005  function fun() {
006    console.log("Hello from fun() function 2.");
007  }
```

不过，这仍是完全合法的代码，并不会出错。当使用 function 关键字定义两个函数，且它们恰好重名时，后定义的函数是有效的，并且会优先执行。在这种情况下，如果调用 fun()，那么控制台将输出第 2 条消息，如代码清单 7-9 所示。

代码清单 7-9　输出第 2 条消息

```
002  "Hello from fun() function 2."
```

这就可以理解了。

如代码清单 7-10 所示，尽管变量名的定义在第 2 个同名的函数定义之前，但它将优先于函数定义。

代码清单 7-10　先定义变量

```
001  var fun = function() {
002    console.log("Hello from fun() function 1.");
003  }
004
```

```
005  function fun() {
006      console.log("Hello from fun() function 2.");
007  }
```

现在调用 fun()，执行结果如代码清单 7-11 所示。

代码清单 7-11　执行结果

```
002  "Hello from fun() function 1."
```

你可以从代码清单 7-11 中看出 JavaScript 提升变量和函数的顺序。函数首先被提升，然后是变量。

在函数作用域中定义变量

如代码清单 7-12 所示，在函数作用域中定义的变量仅限于在该函数范围内使用。在函数外部访问它们将导致引用错误。

代码清单 7-12　发生引用错误

```
001  function fun() {
002      var apple = 1;
003  }
004
005  console.log( apple ); // ReferenceError: apple未定义
```

作用域的访问规则如图 7-5 所示。

图 7-5　var 被定义在全局作用域中，但它的值也适用于块级作用域

实际上，当块级作用域 1 在自己的范围内找不到 var 定义时，它就会在父级作用域中查找。如果块级作用域 1 找到该变量，那么它就会继承变量的值。在函数作用域中定义的变量基本上只接受单向访问，如图 7-6 所示。

图 7-6　在函数作用域中定义的变量无法离开函数的范围，进入父级作用域

函数支持闭包模式。在该模式下，它们的变量对全局作用域是不可见的，但可以被它们内部的其他函数作用域访问，如图 7-7 所示。

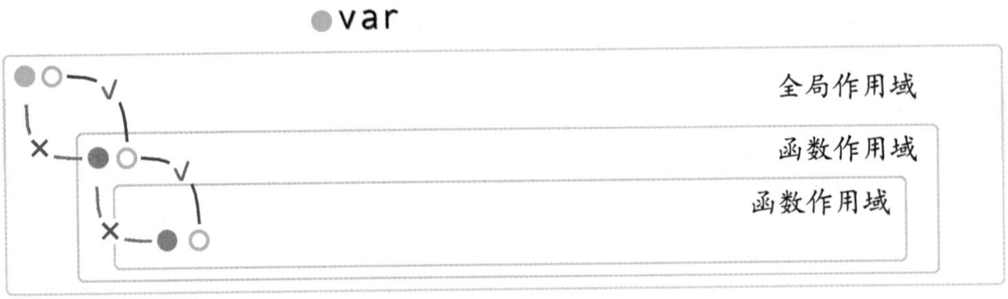

图 7-7　闭包模式

图 7-7 体现的思想是保护变量不受**全局作用域**影响，但全局作用域仍可以调用该函数。

7.4　变量类型

JavaScript 是一门动态类型语言。使用关键字 var 或者 let 定义的变量在被浏览器的 JavaScript 引擎编译之后，其类型可以被指定，在应用程序的运行期间可以随时改变。

关键字 var、let 和 const 不决定变量的类型，而决定变量的使用方式：变量是否可以在其定义的作用域之外使用；变量在程序运行期间是否可以被重新赋值。具体来说，var 和 let 都可以，而 const 不可以。

(1) ES5 var

虽然从最早的规范开始，var 关键字就一直存在，但是你也许应该改用 let 和 const，因为尽管在大多数情况下，var 关键字仍然可以使用，但它仅支持遗留代码。

(2) ES6 let

let 定义的变量仅限于在其定义的作用域内使用。

(3) ES6 const

const 与 let 类似，但 const 定义的变量不可以被重新赋值。

7.5　作用域可见性的区别

7.5.1　在全局作用域中

当变量定义在全局作用域中时，var、let 和 const 在作用域可见性方面没有区别。它们对内部的块级作用域、函数作用域和事件回调函数作用域都有效。请参考图 7-8。

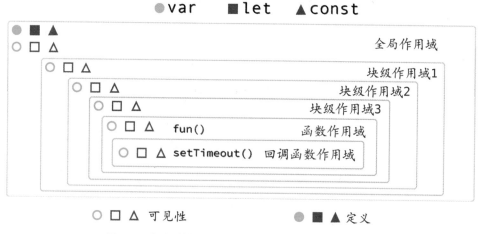

图 7-8 在这种情况下，var、let 和 const 没有区别

如图 7-9 所示，关键字 let 和 const 限制变量，使变量仅在其定义的作用域内有效。

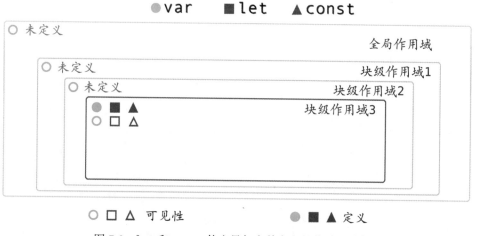

图 7-9 let 和 const 使变量仅在其定义的作用域内有效

使用 let 和 const 定义的变量不会被提升，只有使用 var 定义的变量才会被提升。

7.5.2 在函数作用域中

在函数中，包括 var 在内的所有变量类型都仅适用于其作用域，如图 7-10 所示。

图 7-10　函数中的变量类型仅适用于其作用域

无论使用哪一个关键字，都无法在变量定义的函数作用域外部访问该变量。

7.5.3　闭包

函数闭包就是一个函数位于另一个函数内部，如图 7-11 所示。

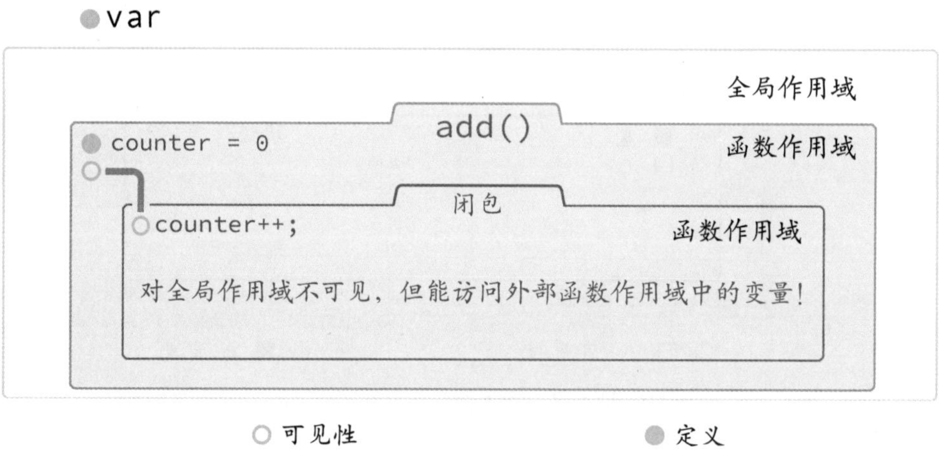

图 7-11　函数闭包

调用 add()，可以使 counter 自增 1，使用其他的作用域模式则无法实现。在以上示例中，add() 返回一个匿名函数，该函数使在外部函数作用域中定义的 counter 变量自增 1。请尝试使用该模式来创建自己的闭包，如代码清单 7-13 所示。

代码清单 7-13 创建闭包

```
001  var plus = (function () {
002    var counter = 0; // 只定义一次
003    return function () {
004      counter += 1;
005      return counter;
006    }
007  })();
008
009  plus(); // 1
010  plus(); // 2
011  plus(); // 3
```

plus() 函数由一个执行本身的匿名函数定义。

这样做的原因

在 plus() 的作用域内,另一个匿名函数被创建,它能使私有变量 counter 自增 1,并将结果作为函数的返回值回传给全局作用域。

分析:全局作用域既不可以直接访问 counter 变量,也不可以修改该变量。只有闭包内的代码才允许其内部函数来修改该变量,并保持该变量不被泄露到全局作用域。

关键在于全局作用域无须知道或了解 plus() 的内部处理方式。它只专注于接收 plus() 的结果,以便将结果传递给其他函数。

为什么要花时间来解释以上要点呢?除了闭包是 JavaScript 面试中的常见问题之一,还有其他原因吗?

闭包类似于**封装**,封装是面向对象编程的主要原则之一,也就是将一个函数或者方法的内部处理隐藏起来,使得调用它的环境看不到其细节。变量私有化是理解其他一些编程概念的关键。这就是 JavaScript 引入 let 关键字的具体原因。这为在块级作用域中定义的变量提供了自动私有化。变量私有化是许多编程语言的根本特性。

7.5.4 在块级作用域中

let 和 const 隐藏变量的可见性,使其仅对变量定义所在的作用域及其内部作用域可见。当你开始在局部块级作用域或者函数作用域中定义变量时,作用域可见性的区别就显现出来了。

7.5.5 在类中

类的作用域只是一个占位符。如果直接在类的作用域中定义变量,就会发生错误,如代码清单 7-14 所示。

代码清单 7-14 直接在类的作用域中定义变量会引发错误

```
001  class Cat {
002    let property = 1;   // Unexpected token错误
003    this.property = 2;  // Unexpected token错误
004  }
```

代码清单 7-15 展示了定义局部变量和对象属性的正确位置。请注意,在类的方法中,let(或者 var 和 const)只在该作用域中创建一个变量。因此,在该变量定义的方法外部无法访问它。

代码清单 7-15 定义局部变量和对象属性的正确位置

```
001  class Cat {
002    constructor() {
003      let property = 1;    // OK: 局部变量
004      this.something = 2;  // OK: 对象属性
005    }
006    method() {
007      console.log(this.property);   // undefined
008      console.log(this.something);  // 1
009    }
010  }
```

如图 7-12 所示,在类中,变量被定义在类的构造函数或者方法中。

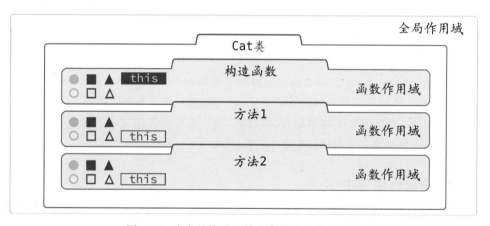

图 7-12 在类的构造函数或者方法中定义变量

7.6 const

const 不同于 let 和 var。它需要在定义时进行赋值,如代码清单 7-16 所示。

代码清单 7-16　const 需要赋初始值

```
001 let a;
002 console.log(a); // undefined
003
004 const b; // 错误: const声明中缺少初始值
```

这是因为 const 变量的值不可以修改，如代码清单 7-17 所示。

代码清单 7-17　由 const 定义的变量不可以重新赋值

```
001 const speed_of_light = 186000; // 英里/秒，即约30万千米/秒
002 speed_of_light = 1; //错误：赋值给常量
```

我们可以改变数组或者对象等更复杂的数据结构的值，即使这些变量使用了 const 进行定义，也是如此。

7.6.1　const 和数组

如代码清单 7-18 所示，const 数组的值是可以修改的，只是不可以再将新的对象赋给初始变量名。

代码清单 7-18　修改 const 数组的值

```
001 const A = [];
002 A[0] = "a"; // OK
003 A = []; // 类型错误: 赋值给常量
```

7.6.2　const 和对象字面量

如图 7-13 所示，对象字面量与数组相似，const 则只定义常量。但是，这并不表示你不可以改变使用 const 定义的变量的属性值。

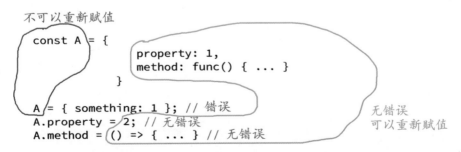

图 7-13　const 变量的值不可以修改，但其属性值可以修改

7.6.3　const 小结

在面对数组或对象等复杂的数据结构时，你可以认为 const 不允许重新赋值。虽然变量与初始对象锁定，但可以改变它的属性值（在数组中为索引值）。

如果变量的值由 const 定义，且为单一的基本类型（字符串、数值或布尔值），如光速、圆周率等，那么该值就不可修改。

7.7　注意事项

❑ 除非想提升变量，否则请勿使用 var。（这种情况非常少见，且通常出现在糟糕的软件设计中。）

❑ 请尽量使用 let 和 const 来代替 var。变量提升（限于使用 var 定义的变量）可能会造成难以预料的错误。这是因为，如果只有变量名被提升了，那么它的值会变成 undefined。

❑ 请使用 const 来定义如光速、圆周率、税率等在应用程序的生命周期内不会发生改变的常量。

第 8 章

运 算 符

8.1 算术运算符

图 8-1 展示了常见的算术运算符。

运算符	名 称	示 例	结 果
+	加法	1 + 1;	2
−	减法	5 − 3;	2
*	乘法	2 * 2;	4
/	除法	10 / 5;	2
%	取模	10 % 4;	2
++	递增	a++;	a + 1
−−	递减	a−−;	a − 1

图 8-1　算术运算符

算术运算符是最基础的运算符。它们的运算结果不会出人意料。取模运算符返回一个数与另一个数相匹配的次数。如在图 8-1 的例子中，4 仅匹配 10 两次。该运算符常用来确定余数。

无须给变量名赋值，就可以编写语句，还可以直接在浏览器的开发人员控制台中键入内容，进行练习，如图 8-2 所示。

8

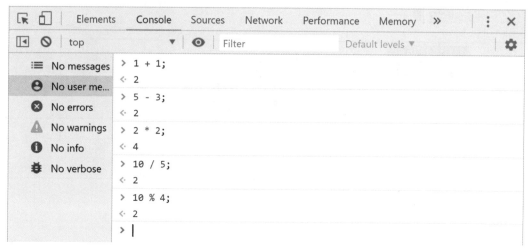

图 8-2   直接在 Chrome 控制台中键入 JavaScript 语句

    Chrome 控制台可以正常运算,如代码清单 8-1 所示。不过,在源代码中对简单语句求值是没有意义的。

代码清单 8-1   运算结果

```
001 1 + 1;                        // 2
002 1 - 2;                        // -1
003 8 / 2;                        // 4
004 5 * 3;                        // 15
```

    更常见的做法是直接对变量名进行操作,如代码清单 8-2 所示。

代码清单 8-2   直接操作变量名

```
006 // 定义变量
007 let variable = 1;            // undefined
008
009 variable + 2;               // 3
010 variable - 1;               // 0
011 variable / 2;               // 0.5
012 variable * 5;               // 5
013 variable * variable;        // 1
014
015 variable++;                 // 1
016 variable++;                 // 2
017 variable++;                 // 3
018 variable--;                 // 4
```

8.2 赋值运算符

图 8-3 展示了常见的赋值运算符。

运算符	名 称	示 例	结 果
=	赋值	x = 1;	1
+=	加法	x += 2;	3
-=	减法	x -= 1;	2
*=	乘法	x *= 2;	4
/=	除法	x /= 2;	2
%=	取模	x %= 1;	0

图 8-3　赋值运算符

赋值运算符将值赋给变量。一些赋值运算符可以组合算术运算和赋值运算。

8.3 字符串运算符

可以将字符串赋给变量名，或使用前文提到的用作算术加法的 + 运算符进行连接。当 + 运算符的任意一侧或两侧的值是字符串时，它将被看作字符串加法运算符，如图 8-4 所示。

运算符	名 称	示 例	结 果
=	赋值	x = 'a'	'a'
+=	连接	x += 'b'	'ab'
+	加法	'x' + 'y'	'xy'

图 8-4　字符串运算符

在这里，+= 运算符可以被看作字符串连接运算符。

8.4 比较运算符

图 8-5 展示了常见的比较运算符。

8

运算符	名 称	示 例	结 果
==	相等	1 == 1	true
		'1'== 1	true
		1 == 2	false
===	全等 (值和类型相等)	'1' === '1'	true
		1 === 1	true
		1 === '1'	false
!=	不等	1 != 1	false
		1 != 2	true
!==	不全等 (值和类型不等)	'1'!== 1	true
		1 !== 1	false
>	大于	2 > 1	true
<	小于	5 < 7	true
>=	大于等于	2 >= 1	true
<=	小于等于	2 <= 1	false

图 8-5   比较运算符

8.5 逻辑运算符

图 8-6 展示了常见的逻辑运算符。

运算符	名 称	示 例	结 果
&&	逻辑与	(5 < 1 && 3 > 2)	false
||	逻辑或	1 == 1 || 2 == 2	true
!	逻辑非	!true	false
		!(1 == 2)	true

图 8-6   逻辑运算符

逻辑运算符用来确定表达式或变量的值之间的逻辑。

8.6 位运算符

图 8-7 展示了常见的位运算符。

运算符	名　称	示　例	结　果
&	按位与	a&b	1
|	按位或	a|b	13
^	按位异或	a^b	12
~	按位非	~a	-6
<<	按位左移	a<<1	10
>>	按位右移	a>>2	2

图 8-7　位运算符

在二进制数系统中，十进制数拥有由一系列 0 和 1 表示的等价数。例如，5 是 0101，1 是 0001。位运算符会对这些位进行处理，而不会对数字的十进制值进行处理。

本书不会详细介绍位运算符的工作原理，你可以轻松地在网上进行查阅。它们具有独特的属性，例如，<< 运算符等同于整数乘以 2，>> 运算符等同于整数除以 2。它们有时会用于性能优化，因为它们的处理周期比 * 运算符和 / 运算符更短。

8.7　typeof 运算符

代码清单 8-3 展示了 typeof 运算符的一些用例。

代码清单 8-3　typeof 运算符

```
001 | typeof 1;                    number （原始值）
002 | typeof Number(1);            number （原始值）
003 | typeof new Number(1);        object （实例）
```

typeof 运算符可用于检查值的类型。该运算符通常对基本类型、对象或函数进行求值。typeof 运算符生成的值始终为字符串格式，如图 8-8 所示。typeof NaN 的求值结果为 'number'。这只是 JavaScript 的诸多怪癖之一。不过，这些怪癖并不是错误，随着你对 JavaScript 知识的加深，它们会变得更有意义。

8

运 算 符	结 果
`typeof 125;`	`'number'`
`typeof 100n;`	`'bigint'`
`typeof 'text';`	`'string'`
`typeof NaN;`	`'number'`
`typeof true;`	`'boolean'`
`typeof [];`	`'object'`
`typeof {};`	`'object'`
`typeof Object;`	`"function'`
`typeof new Object();`	`'object'`
`typeof null;`	`'object'`

图 8-8　typeof NaN 的求值结果为 'number'

NaN 依存于 Number.NaN，它是一个原始值。NaN 通常是在数值运算中产生的符号。例如，试图将一个字符串传递给数字对象的构造函数，以实例化该对象：`new Number("str")`，就会返回 NaN。

8.8　三元运算符

三元运算符的使用形式为语句？语句：语句；。语句可以是表达式或单个值，如图 8-9 所示。

图 8-9　三元运算符

三元运算符类似于内联 if 语句。它并不支持大括号 {} 或多条语句。

8.9　delete

delete 关键字用来删除对象属性，如代码清单 8-4 所示。

代码清单 8-4 使用 delete 关键字删除对象属性

```
001 let bird = {
002   name: "raven",
003   speed: "30mpg"
004 };
005
006 console.log(bird); // {name: "raven", speed: "30mpg"}
007 delete bird.speed;
008 console.log(bird); // {name: "raven"}
```

虽然不可以使用 delete 关键字来删除独立的变量,但是如果你这么做,也不会引发错误(除非是在严格模式下)。

8.10 in

in 运算符可以用来检查**属性名**是否存在于对象中,如代码清单 8-5 所示。

代码清单 8-5 in 运算符的用例

```
001 "c" in { "a" : 1, "b" : 2, "c" : 3 }; // true
002   1 in { "a" : 1, "b" : 2, "c" : 3 }; // false
```

in 运算符在与数组一起使用时,将检查索引是否存在。请注意,它会忽略数组或对象中的实际值,如代码清单 8-6 所示。

代码清单 8-6 检查是否存在索引值

```
004 "c" in ["a", "b", "c"];    // false
005   0 in ["a", "b", "c"];    // true
006   1 in ["a", "b", "c"];    // true
007   2 in ["a", "b", "c"];    // true
008   3 in ["a", "b", "c"];    // false
```

可以使用 in 运算符来检查内置数据类型的属性。length 属性是所有数组固有的属性,如代码清单 8-7 所示。

代码清单 8-7 检查 length 属性

```
010 "length" in [];          // true
011 "length" in [0, 1, 2];   // true
```

length 属性并不存在于对象中,除非在对象中显式添加了该属性,如代码清单 8-8 所示。

代码清单 8-8 length 属性并不存在于对象中

```
013  "length" in {};            // false
014  "length" in {"length": 1}; // true
```

in 运算符还可以用来检查对象的构造函数是否存在属性 constructor 和 prototype，如代码清单 8-9 所示。

代码清单 8-9 检查属性 constructor 和 prototype

```
016  "constructor" in Object;   // true
017   "prototype" in Object;    // true
```

...rest 和 ...spread

9.1 rest 属性

　　...rest 语法可以帮助你从函数的单个参数名中提取多项，并引用它们。单个 rest 参数包含传递给函数的一个或多个参数，如图 9-1 所示。

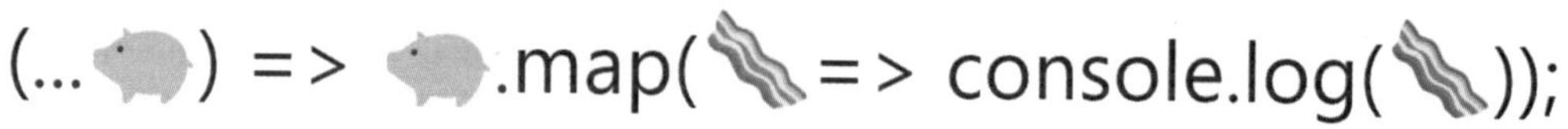

(... 🐷) => 🐷.map(🥓 => console.log(🥓));

图 9-1　rest 属性图解

如果传递给函数 3 个参数，则控制台输出如图 9-2 所示。

图 9-2　控制台输出

rest 参数是如何简化代码的呢？请看代码清单 9-1。

代码清单 9-1　...rest 语法

```
001 let f = (...items) => items.map(item => console.log(item));
```

通过将控制台输出转移给单个 print 函数，可以进一步缩短代码，如代码清单 9-2 所示。

代码清单 9-2　将控制台输出转移给 print 函数

```
001 let print = item => console.log(item);
002
003 let f = (...items) => items.map(print);
```

使用任意数量的参数来调用 f() 函数，如代码清单 9-3 所示。

代码清单 9-3   调用 f() 函数

```
001 f(1, 2, 3, 4, 5);
```

该函数持有 rest 参数，你可以根据需要来指定任意数量的参数。控制台输出如图 9-3 所示。

```
1
2
3
4
5
>
```

图 9-3   控制台输出

在 ES6 引入箭头函数之后，为了进一步缩短代码，有人开始使用单个字符来命名变量，如代码清单 9-4 所示。

代码清单 9-4   用单个字符命名变量

```
001 let f = (...i) => i.map(v => console.log(v));
```

其实，这样做只是利用了多个特性——箭头函数、...rest 和 .map()——来抽象代码，使其看起来像一个数学公式，但不会失去原本的功能。这看起来比 for 循环更整洁。这样做简化了代码，但会增加代码的理解难度。请记住，如果你在一个团队中工作，那么其他人可能正在读你的代码，你将来也会读别人的代码。

9.2   spread 属性

spread 与 rest 相反，它可以帮助你从对象中提取组成部分，如图 9-4 所示。

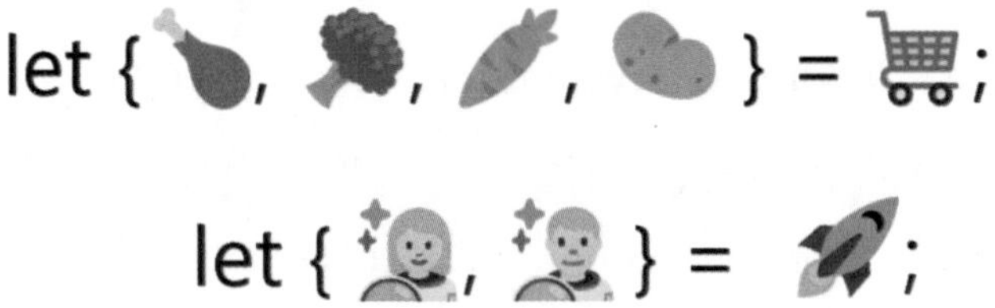

图 9-4   spread 属性图解

9.3 ...rest 和 ...spread

许多人称呼 ...rest 和 ...spread 为语法运算符。但是,它们实际上只是语法。这是因为,运算符通常会修改值,...rest 和 ...spread 则会赋值。如果非要将它们划到运算符的类别中,那么它们类似于赋值运算符 =。...rest 和 ...spread 只是对赋值运算符进行抽象,以处理多个参数。

在函数定义中,...rest 语法作为参数名使用时,被称为 rest **参数**,其含义为"其余的参数"。有时,它也被称为 rest **元素**,因为它表示多个值。

...rest 语法和 ...spread 语法都采用 ...name 的形式。那么,它们有什么区别呢?

❑ ...rest:将所有剩余的参数("其余的参数")收集到一个数组中。
❑ ...spread:将迭代器展开为一个或多个参数。

9.3.1 语法详解

假设有一个简单的函数 sum(),如代码清单 9-5 所示。

代码清单 9-5 函数 sum()

```
001 function sum(a, b) { return a + b; }
```

这种形式限制该函数仅接受两个参数。

rest 参数可以为函数收集任意数量的参数,并将它们存储到一个数组中(本例中为 args),如代码清单 9-6 所示。

代码清单 9-6 rest 参数

```
001 function sum(...args) {
002   console.log(args);
003 }
004 sum(1,2,3); // [1,2,3]
```

这类似于内嵌参数数组的对象,但它们之间存在区别。顾名思义,rest 可以获取"其余"的参数。

请记住,rest 必须是唯一的参数标记或是参数列表中的最后一个。它不可以是多个参数中的第一个,如代码清单 9-7 所示。

代码清单 9-7   rest 参数不可以作为第一个参数，它后面不能跟随其他参数

```
001 function sum(...args, b, c) {} // 错误
```

rest 参数也不可以出现在参数列表的中间，如代码清单 9-8 所示。

代码清单 9-8   同样，rest 参数不可以出现在参数列表的中间

```
001 function sum(a, ...args, c) {} // 错误
```

如果不遵循上述规则，那么控制台将出现如图 9-5 所示的错误。

```
❌ Uncaught SyntaxError: Rest parameter must be last formal parameter
>
```

图 9-5   控制台提示 rest 参数位置错误

代码清单 9-9 展示了 rest 参数的正确位置。

代码清单 9-9   rest 参数的正确位置

```
001 function sum(a, b, ...args) {} // 正确
```

请看代码清单 9-10。

代码清单 9-10   扁平化数组

```
001 // 怪异之处：如果传入一个数组
002 sum([1,2,3]); // Array(3)
003
004 // 可以使用...spread语法来扁平化数组
005 sum(...[1,2,3]); // [1,2,3]
```

在这种情况下，...[1,2,3] 中的 3 个点实际上就是 ...spread。从这个示例可以看出，...spread 与 ...rest 相反，它从一个数组中取出值。我们稍后将看到从对象中取值的示例。

如代码清单 9-11 所示，与 ...rest 相反，...spread 可以在列表的任何位置使用。不过，二者有时会重叠。

代码清单 9-11   ...rest 与 ...spread 重叠

```
001 // 这里的...args是...rest
002 function print(a, ...args) {
003   console.log(a);
```

```
004     console.log(args);
005 }
006 print(...[ 1, 2, 3 ], 4, 5); // 在这里是 ...spread
007 // a = 1
008 // args = [2, 3, 4, 5]
```

在这里, ...spread 组成了完整的参数列表（1, 2, 3, 4, 5）, 并传递给 print 函数。在 print 函数内部, a 等于 1, 而 [2, 3, 4, 5] 是 "其余" 的参数。

代码清单 9-12 是另外一个示例。

代码清单 9-12　又一个示例

```
001 // 将含有3个元素的数组展开到前3个参数中
002 function print2(a, b, c, ...args) {
003     console.log(a);
004     console.log(b);
005     console.log(c);
006     console.log(args);
007 }
```

代码清单 9-13 展示了执行结果。

代码清单 9-13　执行结果

```
001 print2(...[ 1, 2, 3 ], 4, 5);
002 // a = 1
003 // b = 2
004 // c = 3
005 // args = [4, 5]
```

9.3.2　编写带 rest 参数的 sum() 函数

通过使用 rest 参数, 我们的第一个 sum() 函数看起来如代码清单 9-14 所示。

代码清单 9-14　带 rest 参数的 sum() 函数

```
001 function sum(...arguments) {
002     let sum = 0;
003     for (let arg of arguments)
004         sum += arg;
005     return sum;
006 }
007 sum(1, 2, 5); // 8
```

9

如代码清单 9-15 所示，由于 ...args 会生成一个数组，使其成为迭代器，因此可以使用
reducer 来执行求和运算。

代码清单 9-15　求和

```
001 | function sum(...args) {
002 |   return args.reduce((x, v) => x + v, 0);
003 | }
004 | sum(1, 2, 3, 4, 5); // 15
```

rest 参数也可以用于箭头函数，因此可以进一步缩短函数代码，如代码清单 9-16 所示。

代码清单 9-16　将 rest 参数用于箭头函数

```
001 | let sum = (...a) => a.reduce((x, v) => x + v, 0);
002 | sum(100, 200, 400); // 700
```

有些人认为，虽然这种格式较短，但很难阅读。这就是你在采用函数式编程风格时需要权
衡的。拥有数学背景的人会认为这很简洁，但传统的程序员或许并不这么认为。

9.3.3　使用 spread 来扁平化数组

请见代码清单 9-17。对于一只长着月光般银色皮毛的母猫来说，卢娜（Luna）是一个很好
的名字。

代码清单 9-17　数组扁平化示例

```
001 | let names = ["felix", "luna"];
002 | const cats = [...names, "daisy"];
003 | console.log(cats); // (3) ["felix", "luna", "daisy"]
```

9.3.4　在数组、对象或函数参数之外使用 spread

不可以使用 spread 给变量赋值，如代码清单 9-18 和图 9-6 所示。

代码清单 9-18　如果使用 spread 给变量赋值，会发生错误

```
001 | let a = ...[1,2,3]; // 错误
```

```
⊗ Uncaught SyntaxError: Unexpected token ...

>  |
```

图 9-6　提示出错

你失望了吗？千万别失望，你会喜欢上解构赋值的。

9.4 解构赋值

解构赋值可用于从数组和对象中提取多项，并将它们赋给变量，如代码清单 9-19 所示。

代码清单 9-19 解构赋值示例

```
001  // 从数组中解构
002  [a, b] = [10, 20];
003  console.log(a, b); // 10 20
```

代码清单 9-20 等价于代码清单 9-19。

代码清单 9-20 一般的赋值方法

```
001  var a = 10;
002  var b = 20;
```

如果未指定 var、let 或 const，则默认为 var，如代码清单 9-21 所示。

代码清单 9-21 默认关键字为 var

```
001  [a] = [1];
002  console.log(window.a); // 1
```

正如预期的那样，let 定义不可以用作 window 对象的属性，如代码清单 9-22 所示。

代码清单 9-22 let 定义不可以用作 window 对象的属性

```
001  let [a] = [2];
002  console.log(window.a); // undefined
```

可以使用 ...rest 来解构，如代码清单 9-23 所示。

代码清单 9-23 使用 ...rest 解构

```
001  // 使用...rest从数组中解构
002  [a, b, ...rest] = [30, 40, 50, 60, 70];
003  console.log(a, b); // 30 40
004  console.log(rest); // [50, 60, 70]
```

解构通常用来提取匹配名称的对象属性，如代码清单 9-24 所示。

代码清单 9-24 提取匹配名称的对象属性

```
001  // 从一个对象的oranges属性解构到oranges
002  let { oranges } = { oranges : 1 };
003  console.log(oranges);  // 1
```

如代码清单 9-25 所示，顺序无关紧要，只要存在 grapes 属性，其值就会被赋给接收端的同名变量。

代码清单 9-25　顺序无关紧要

```
001 let fruit_basket = {
002   apples : 0,
003   grapes : 1,
004   mangos : 3
005 };
006
007 let { grapes } = fruit_basket;
008
009 console.log(grapes); // 1
```

我们来提取多个值。提取 apples 和 oranges，并对它们进行合计，如代码清单 9-26 所示。

代码清单 9-26　提取多个值

```
001 let { apples, oranges } = { apples : 1, oranges : 2 };
002 console.log(apples + oranges);  // 3
```

解构不是隐式递归的，不会扫描到二级对象，如代码清单 9-27 所示。

代码清单 9-27　并非隐式递归

```
001 let { oranges } = { apples : 1, inner: {oranges : 2} };
002 console.log(oranges);  // undefined
```

不过，可以直接从对象的内部属性中提取，如代码清单 9-28 所示。

代码清单 9-28　直接从对象的内部属性中提取

```
001 let deep = {
002   basket: {
003     fruit: {
004       name: "orange",
005       shape: "round",
006       weight: 0.2
007     }
008   }
009 };
010
011 let { name, shape, weight } = deep.basket.fruit;
012
013 console.log(name);   // "orange"
014 console.log(shape);  // "round"
015 console.log(weight); // 0.2
```

如果未在对象中找到变量，得到的结果就是 undefined。如果试图解构对象中不存在的属性名，则结果如代码清单 9-29 所示。

代码清单 9-29　结果为 undefined

```
001 let { apples } = { oranges : 1 };
002 console.log(apples);  // undefined
```

可以在解构的同时进行重命名，如代码清单 9-30 所示。

代码清单 9-30　解构与重命名同时进行

```
001 let { automobile: car } = { automobile: "Tesla" };
002 console.log(car); // "Tesla"
```

9.4.1　使用 spread 合并对象

可以使用 ...spread 语法来轻松合并两个或更多个对象，如代码清单 9-31 所示。

代码清单 9-31　合并对象

```
001 let a = { p:1, q:2, m:()=>{} };
002 let b = { r:3, s:4, n:()=>{} };
003 let c = { ...a, ...b };
```

对象 c 的内容是什么呢？执行代码清单 9-32 看看。

代码清单 9-32　查看对象 c 的内容

```
001 console.log(c);
```

控制台输出如图 9-7 所示。

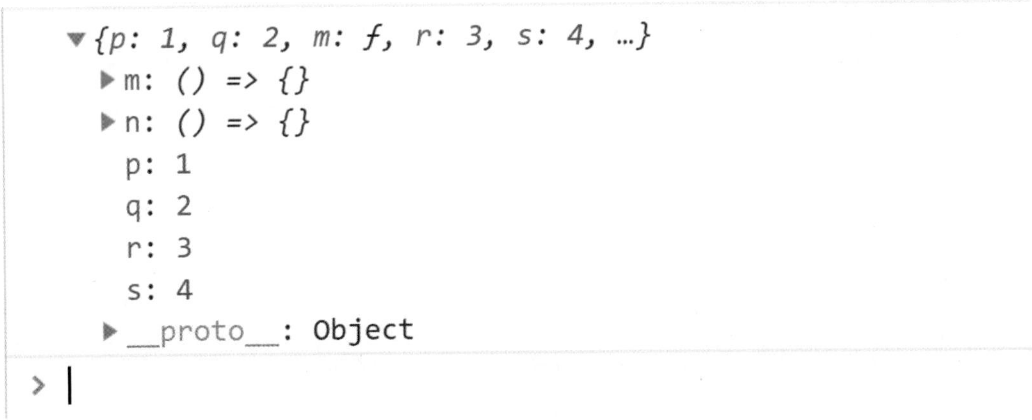

```
▼{p: 1, q: 2, m: f, r: 3, s: 4, …}
  ▶m: () => {}
  ▶n: () => {}
    p: 1
    q: 2
    r: 3
    s: 4
  ▶__proto__: Object

> |
```

图 9-7　控制台输出

幸好，这并不仅仅是浅复制，...spread 也会复制嵌套的属性，如代码清单 9-33 所示。

代码清单 9-33   复制嵌套的属性

```
001 let a = { nest:{nest:{eggs:10}} };
002 let b = { eggs:5 };
003 let c = { ...a, ...b };
004 console.log(c);
```

控制台输出如图 9-8 所示。

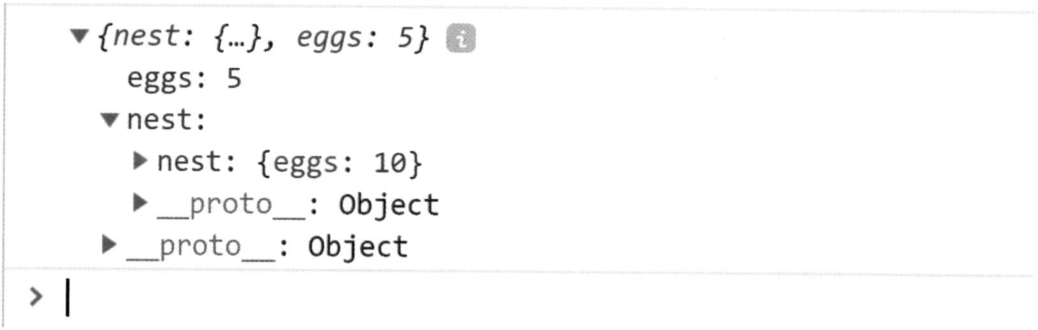

```
▼ {nest: {…}, eggs: 5} ⓘ
    eggs: 5
  ▼ nest:
    ▶ nest: {eggs: 10}
    ▶ __proto__: Object
  ▶ __proto__: Object
> |
```

图 9-8   控制台输出

9.4.2   使用 spread 合并数组

你也可以使用 ...spread 语法来合并两个或更多个数组，如代码清单 9-34 所示。

代码清单 9-34   合并数组

```
001 let a = [1,2];
002 let b = [3,4];
003 let c = [...a, ...b];
004 console.log(c); // [1,2,3,4]
```

第 10 章 闭 包 *10*

10.1 闭包入门

闭包有许多种讲解方式。尽管本章的讲解不能作为闭包的"圣杯",但我希望它能够加深你的理解。你可以随意使用 CodePen 上的示例,观察它们的工作方式。最终你会完全理解闭包。

在 C 语言及其他诸多语言中,作为栈上自动内存管理的一部分,当函数调用退出时,为该函数分配的内存会被清除。而在 JavaScript 中,即使调用完函数,该函数内部定义的变量和方法仍会保留在内存中。在函数执行完后保留函数内部定义的变量或方法的链接,这就是闭包工作方式的一部分。

JavaScript 是一门不断进化的语言。在闭包出现时,JavaScript 中还没有类或私有变量的概念。可以说,在 ES6 之前,闭包可以用来大致模拟类似于对象的私有方法的内容。闭包是 JavaScript 传统编程风格的一部分。这是面试中最常见的问题之一。因此,如果不讨论闭包,本书就不完整。

10.1.1 什么是闭包

在函数退出之后,闭包还能够保留对所有局部函数变量的引用。

如果对 JavaScript 中的作用域规则和执行语境委托控制流的方式一无所知,那么闭包理解起来会很困难。但我认为如果从简单内容入手,并看一些实例,这会变得简单一些。

要理解闭包,至少需要理解如下结构。这主要是因为 JavaScript 允许在一个函数中定义另一个函数。从技术上来讲,这就是闭包。请看代码清单 10-1。

代码清单 10-1 闭包的结构

```
001  // 函数global定义在与window一起创建的现有
002  // 的执行语境中
003  function global() {
004      // 在调用global时,将为该函数创建一个
```

```
005        // 新的执行语境。在声明绑定实例化的过
006        // 程中，在JavaScript解释器的内部，
007        // inner将会作为一个新的局部对象被创
008        // 建，其作用域指向global的执行语境的
009        // 变量环境
010        function inner() {
011            console.log("inner");
012        }
013        inner();        // 调用inner
014  }
015
016  global(); // "inner"
```

在代码清单 10-2 中，全局函数 sendEmail 定义了一个匿名函数，并将其赋给变量 send。该变量仅对 sendEmail 函数的作用域可见，而对全局作用域不可见。

代码清单 10-2　在 JavaScript 中，内部函数可以访问其所在的函数作用域中定义的变量

```
001  function sendEmail(from, sub, message) {
002    let msg = `"${sub}" > "${message}" received from ${from}.`;
003    let send  = function() { console.log(msg); }
004    send();
005  }
006
007  sendEmail('Jason', 'Re: subject', 'Good news.');
```

当我们调用 sendEmail 时，它会创建并调用 send 方法。全局作用域无法直接调用 send 方法。控制台输出如图 10-1 所示。

```
   "Re: subject" > "Good news." received from Jason.

>  |
```

图 10-1　控制台输出

我们可以通过从函数返回私有方法（内部函数），来公开对它们的引用。在代码清单 10-3 中，第 004 行并不是调用 send 方法，而是返回对它的引用。除此之外，代码清单 10-3 中的示例与代码清单 10-2 中的示例完全相同。

代码清单 10-3　返回 send，而非调用它。这样就可以在全局作用域中创建该私有方法的引用

```
001  function sendEmail(from, sub, message) {
002    let msg = `"${sub}" > "${message}" received from ${from}.`;
003    let send = function() { console.log(msg); }
004    return send;
```

```
005 }
006
007 // 创建对sendEmail的引用
008 let ref = sendEmail('Jason', 'Re: subject', 'Good news.');
009
010 // 按引用名进行调用
011 ref();
```

现在，我们就可以在全局作用域中通过引用来调用 send 方法。即使在调用完 sendEmail 函数之后，变量 msg 和 send 仍会保留在内存中。在 C 语言中，它们会从栈内存中自动清除，我们将无法再次访问它们。而 JavaScript 并非如此。

我们再来看一个示例。如代码清单 10-4 所示，首先定义全局变量 print、set、increase 和 decrease。

代码清单 10-4　又一个示例

```
001 let print, set, increase, decrease;
002
003 function manager() {
004     console.log("manager();");
005     let number = 15;
006     print = function() { console.log(number) }
007     set = function(value) { number = value }
008     increase = function() { number++ }
009     decrease = function() { number-- }
010 }
```

如代码清单 10-5 所示，为了将匿名函数赋给全局函数变量，我们至少需要运行一次 manager。

代码清单 10-5　set(755) 将 number 的值重置为 755

```
012 manager();    // 初始化manager
013 print();      // 15
014 for (let i = 0; i < 200; i++) increase();
015 print();      // 215
016 decrease();
017 print();      // 214
018 set(755);
019 print();      // 755
020 let old_print = print; // 保存print的引用
021
022 manager();    // 再次初始化manager
023 print();      // 15
024 old_print(); // 755
```

10

控制台输出如图 10-2 所示。

```
manager();
15
215
214
755
manager();
15
755
>
```

图 10-2   控制台输出

讲解

在第一次调用 manager 之后，执行的函数和所有的全局引用都链接到了它们各自的匿名函数。这样就创建了我们的第一个闭包。现在，我们试着使用全局方法，来看看会发生什么。

我们调用 increase、decrease 和 set，来修改 manager 函数中定义的变量 number 的值。每一步都会使用 print 来打印该值，以确认它已经改变了。

10.1.2   漂亮的闭包

函数式编程使用闭包，其原因与面向对象编程使用私有方法类似。闭包以函数的形式为对象提供 API 方法。

如果根据这个思路进一步创建一个看起来很漂亮的闭包，返回多个方法，而不只是一个方法，那会怎么样呢？请看代码清单 10-6。

代码清单 10-6   看起来很漂亮的闭包

```
001  let get = null; // 全局getter函数的变量
002
003  function closure() {
004
005    this.inc = 0;
006    get = () => this.inc;  // getter
007
```

```
008  function increase() { this.inc++; }
009  function decrease() { this.inc--; }
010  function set(v) { this.inc = v; }
011  function reset() { this.inc = 0; }
012  function del() {
013    delete this.inc; // 变为undefined
014    this.inc = null; // 再将其重置为null
015    console.log("this.inc deleted");
016  }
017  function readd() {
018    // 如果为null或undefined
019    if (!this.inc)
020        this.inc = "re-added";
021  }
022
023  // 同时返回多个方法
024  return [increase, decrease, set, reset, del, readd];
025 }
```

del 方法会从对象中彻底删除 inc 属性，而 readd 会重新添加该属性。简单起见，这里并没有执行防错处理。而如果 inc 属性已经被删除，试图访问这些方法时，将会发生引用错误。

初始化闭包如代码清单 10-7 所示。

代码清单 10-7　初始化闭包

```
032 let f = closure();
```

变量 f 现在指向一组公开的方法。通过赋给唯一的函数名，它们就进入了全局作用域（见代码清单 10-8）。

代码清单 10-8　为各个方法赋上唯一的函数名

```
034 let inc = f[0];
035 let dec = f[1];
036 let set = f[2];
037 let res = f[3];
038 let del = f[4];
039 let add = f[5];
```

如代码清单 10-9 所示，现在可以调用它们，来修改隐藏的 inc 属性。

代码清单 10-9　调用各个方法

```
041 inc(); // 1
042 inc(); // 2
043 inc(); // 3
```

10

```
044 dec(); // 2
045 get(); // 2
046 set(7);// 7
047 get(); // 7
048 res(0);// 0
049 get(); // 0
```

最后，可以使用 del 方法删除该属性本身，如代码清单 10-10 所示。

代码清单 10-10　调用 del 方法

```
051 // 删除属性
052 del(0);// null
053 get(); // null
```

这时调用其他方法将会发生引用错误，因此，我们将 inc 属性重新添加到对象中（见代码清单 10-11）。

代码清单 10-11　添加 inc 属性

```
055 // 读取inc属性
056 add();
057 get(); // "re-added"
```

如代码清单 10-12 所示，将 inc 属性重置为 0，并递增 1。

代码清单 10-12　操作 inc 属性

```
059 res(); // 0
060 inc(); // 1
061 get(); // 1
```

10.1.3　闭包小结

如果在一个函数中声明另一个函数，就创建了闭包。

当调用的函数包含另一个函数时，就会新建执行语境，它持有所有局部变量的全新副本。通过链接到全局作用域中定义的变量名，或在外层函数中使用 return 关键字返回闭包，就可以在全局作用域中创建它们的引用。

闭包使你可以持有所有局部函数变量的引用，在函数退出后仍可使用。

注意：new Function 构造函数不会创建闭包。这是因为使用 new 关键字创建的对象会创建一个独立的语境。

10.2　参数个数

参数个数是指函数接受的参数个数。通过 < 函数名 >.length 属性可以查看函数的参数个数（见代码清单 10-13）。

代码清单 10-13　查看函数的参数个数

```
001 | // 定义一个带3个参数的函数
002 | function f(a,b,c) {}
003 |
004 | // 获取函数的参数个数
005 | let arity = f.length;
006 |
007 | console.log(arity); // 3;
```

10.3　柯里化

在 JavaScript 中，函数是表达式。这意味着函数可以返回另一个函数。在前面，我们学习了闭包模式。柯里化是一种立即求值并返回另一个函数表达式的模式。通过定义时立即返回所有内部函数来链接闭包，就可以创建柯里化函数。代码清单 10-14 展示了柯里化函数的示例。

代码清单 10-14　柯里化函数

```
001 | let planets = function(a) {
002 |   return function(b) {
003 |     return "Favorite planets are " + a + " and " + b;
004 |   };
005 | };
006 |
007 | let favoritePlanets = planets("Jupiter");
008 |
009 | // 使用不同的参数来调用柯里化函数
010 | favoritePlanets("Earth");
011 | favoritePlanets("Jupiter");
012 | favoritePlanets("Saturn");
```

函数 planets 会返回一个匿名函数。因此，当函数 planets 按参数 "Jupiter" 赋给 favoritePlanets 时，它会根据第 2 个参数再次进行调用。

图 10-3 展示了示例中的 3 个柯里化函数的结果。

10

```
Favorite planets are Jupiter and Earth

Favorite planets are Jupiter and Mars

Favorite planets are Jupiter and Saturn
>
```

图 10-3　控制台输出

如代码清单 10-15 所示，在第一次调用之后，内部函数会被立即调用。

代码清单 10-15　调用柯里化函数

```
001 | // 使用两个参数来调用柯里化函数
002 | planets("Jupiter")("Mars");
```

结果如图 10-4 所示。

```
Favorite planets are Jupiter and Mars
>
```

图 10-4　控制台输出

柯里化被认为是函数式编程风格的一部分。因此，这种老式的柯里化语法可以改写为更简洁的箭头函数格式也就不足为奇了（见代码清单 10-16）。

代码清单 10-16　将柯里化函数改写为箭头函数

```
001 | let planets = (a) => (b) => "Planets are " + a + " and " + b;
002 |
003 | planets("Venus")("Mars");
```

结果如图 10-5 所示。

```
Planets are Venus and Mars
>
```

图 10-5　控制台输出

第 11 章

循　环

循环是处理列表的基础。循环的主要目的是迭代多条或多组语句。迭代在软件开发中很常见，它表示多次重复同一个动作。

循环引入了**迭代器**的概念。一些内嵌类型是可迭代的。迭代器可以传递给 for...of 循环，而不是传统的 for 循环。**迭代对象**抽象了列表的索引值，帮助你集中精力来解决问题。

数组就是迭代类型，而对象则不是（对象是枚举类型）。迭代类型对集合中的各项顺序有要求。这就是数组拥有各项索引的原因。枚举类型并不要求迭代时属性按一定的顺序出现。

11.1　JavaScript 中的循环类型

JavaScript 包含不同的迭代方式，其中既包括传统的 while 循环和 for 循环，也包括偏向于函数式编程风格的迭代器——使用数组的高阶函数。常见的迭代器有 for、for...of、for...in、while 和 Array.forEach。Array 的一些方法也可以看作迭代器，如 .values、.keys、.map、.every、.some、.filter、.reduce 等。它们被称为高阶函数，因为它们将另一个函数作为参数。

11.1.1　递增和递减

循环通常用来遍历对象列表，并更新它们的属性。循环可以用来过滤对象，使列表缩减为更有意义的项。循环还可以将一组值减少为单个值，如代码清单 11-1 所示。

代码清单 11-1　for 循环

```
001 | let miles = [5, 12, 75, 2, 5];
002 |
003 | // 使用for循环将所有的数字加起来
004 | let A = 0;
005 | for (let i = 0; i < 5; i++)
006 |   A += miles[i];
007 | console.log(A); // 99
```

如代码清单 11-2 所示，你可以实现一个具有相同效果的 reducer。

代码清单 11-2　实现与循环具有相同效果的 reducer

```
009 | // 使用reducer——Array.reduce方法，将所有的数字加起来
010 | const R = (accumulator, value) => accumulator + value;
011 | const result = miles.reduce(R);
012 | console.log(result); // 99
```

11.1.2　动态生成 HTML 元素

如代码清单 11-3 所示，动态创建一些 HTML 元素，来填充 UI 视图。

代码清单 11-3　动态创建 HTML 元素

```
001 | // 向页面添加10个元素
002 | for (let i = 0; i < 10; i++) {
003 |     // 创建一个新的HTML元素
004 |     let element = document.createElement("div");
005 |     // 将内部HTML插入到元素中
006 |     element.innerHTML = "element " + i;
007 |     // 将创建的元素添加到文档中
008 |     document.appendChild(element);
009 | }
```

这段代码会将 10 个 div 元素添加到文档中。appendChild 方法可以用来创建嵌套元素。

11.1.3　渲染列表

循环通常与**渲染列表**一起使用。渲染只是在屏幕上显示一些内容。在软件开发中，有时需要显示项目列表。

11.1.4　动态排序的表格

动态创建整个表让你可以使用 Array.entries 方法和 Array.sort 方法按列对值进行排序。在某些情况下，如果表的列中存储的是对象属性，而不是数组元素，那么就需要你自己编写排序函数。但根据数据集的不同，这有时是个好主意，有时则不是。

11.1.5　注意事项

在定义某种数据布局之前，你无法轻易地决定列表的处理方式。因此，选择要使用哪种循环类型，通常是由其他决定或自定义的数据结构的布局来决定的。

11.2 for 循环

for 循环语法包含 3 种语法风格，如代码清单 11-4 所示。

代码清单 11-4　3 种风格的 for 循环

```
001  // 空体for循环
002  for (initialize; condition; increment);
003
004  // 迭代单条语句
005  for (initialize; condition; increment) single_statement;
006
007  // 迭代多条语句
008  for (initialize; condition; increment) {
009      multiple;
010      statements;
011  }
```

for 循环需要 3 条语句，它们之间使用分号进行分隔，它们可以是任何合法的 JavaScript 语句、函数调用，甚至也可以是空语句。

基本实现中通常使用的模式有**初始化计数器**、**测试条件**，以及**递增或递减计数器**。

11.2.1　基于零索引的计数器

将 for 循环的计数器初始化为基于零索引的值，是一个非常棒的想法，因为大部分列表（如数组）都基于零索引，其第一项是 array[0]，而不是 array[1]。这可能需要一段时间来适应。

11.2.2　无限 for 循环

虽然定义的 for 循环可以没有默认语句，但是这样做会创建一个无限循环，让程序崩溃（见代码清单 11-5）。

代码清单 11-5　无限 for 循环

```
001  for(;;)
002    console.log("hi"); // 无限for循环，请不要这样做
```

或许你也不想这么做，但因为某些原因这种情况不可避免，那么这时最好使用 while 循环。

11.2.3   多条语句

除了分号以外，多条语句之间也可以使用逗号分隔。在代码清单 11-6 中，inc 函数用于递增全局计数器变量的值。请注意两条语句的组合是 i++, inc()。

代码清单 11-6   多条语句的示例

```
001 let counter = 0;
002
003 function inc() { counter++; }
004
005 for (let i = 0; i < 10; i++, inc());
006
007 console.log(counter); // 10
```

该空体 for 循环计数 10 次。实际值是在 inc 函数中递增的。这只是执行多条语句的示例之一，在这种情况下，我们应该尽量避免使用全局变量。

11.2.4   递增数字

如代码清单 11-7 所示，循环的一个基本用途是递增数字。

代码清单 11-7   递增数字

```
001 let counter = 0;
002
003 for (let i = 0; i < 10; i++)
004     counter++;
005
006 counter; // 10;
```

11.2.5   for 循环和 let 作用域

无大括号的 for 循环语法对 let 关键字并不友好。代码清单 11-8 中的代码会发生错误。

代码清单 11-8   无大括号的 for 循环

```
001 for (var i = 0; i < 10; i++) let x = i;
```

let 变量的定义中不可以缺少括号。使用 let 关键字定义的所有变量都需要有自己的局部作用域。修改后的代码如代码清单 11-9 所示。

代码清单 11-9   有大括号的 for 循环

```
001 for (var i = 0; i < 10; i++) { let x = i; }
```

11.2.6 嵌套 for 循环

由于 for 循环本身就是一条 JavaScript 语句，因此它也可以作为另一个 for 循环的迭代语句。这种嵌套 for 循环通常用来处理二维网格，如代码清单 11-10 所示。

代码清单 11-10 嵌套 for 循环

```
001  for (let y = 0; y < 2; y++)
002      for (let x = 0; x < 2; x++)
003          console.log(x, y);
```

控制台输出如代码清单 11-11 所示（x 与 y 的所有组合）。

代码清单 11-11 控制台输出

```
001  0 0
002  1 0
003  0 1
004  1 1
```

11.2.7 循环的长度

如代码清单 11-12 所示，条件语句会一直检查计数器是否达到限制，如果达到，则停止循环。

代码清单 11-12 执行 3 次的 for 循环

```
001  for (let i = 0; i < 3; i++) {
002      console.log("loop.");
003  }
```

这个简单的循环将会在控制台上打印 3 次 "loop."，如代码清单 11-13 所示。

代码清单 11-13 控制台输出

```
001  "loop."
002  "loop."
003  "loop."
```

如代码清单 11-14 所示，如果要执行多条语句，可以加上大括号。

代码清单 11-14 执行多条语句

```
001  for (let i = 0; i < 3; i++) {
002      let loop = "loop.";
003      console.log(loop);
004  }
```

控制台输出与前面的示例相同。

11

11.2.8　跳步

continue 关键字可以用来跳过一次迭代步骤，如代码清单 11-15 所示。

代码清单 11-15　使用 continue 关键字跳步

```
001 | for (let i = 0; i < 3; i++) {
002 |     if (i == 1)
003 |         continue;
004 |     console.log(i);
005 | }
```

该 for 循环的输出如代码清单 11-16 所示（请注意跳过了 1）。

代码清单 11-16　控制台输出

```
001 | 0
002 | 2
```

continue 关键字告诉代码流程跳到下一次迭代，而不再执行当前 for 循环作用域的迭代步骤中剩下的语句。

11.2.9　提前中断

break 关键字可以用来中断 for 循环（见代码清单 11-17）。

代码清单 11-17　使用 break 关键字中断循环

```
001 | for (let i = 0;; i++) {
002 |     console.log("loop.");
003 |     break;
004 | }
```

请注意，这里省略了条件语句。该循环由语句本身的显式命令来中断。这时，该 for 循环仅向控制台打印一次 "loop."。break 关键字会在循环中跳出。你也可以设置跳出条件（参见下一个示例）。

11.2.10　自定义中断条件

可以不使用 for 循环中用分号分隔的所有 3 条语句。将条件测试移到 for 循环体中，而不在 for 语句的括号中进行测试，这样做是完全合法的。

代码清单 11-18 中的示例省略了中间的语句，中间的语句通常是为计数器创建条件测试，而我们将其替换为循环内部的条件，当 i 大于 1 时，跳出循环。

代码清单 11-18　省略中间语句

```
001 for (let i = 0;; i++) {
002     console.log("loop, i = " + i);
003     if (i > 1)
004         break;
005 }
```

如果没有 for 循环内部的 if 语句，该循环将无限执行下去，因为这里没有其他的条件来中断循环。控制台输出如代码清单 11-19 所示。

代码清单 11-19　控制台输出

```
001 loop, i = 0
002 loop, i = 1
003 loop, i = 2
```

单词 loop 打印了 3 次。由于这里的条件是 i 大于 1，因此你可能以为该文本最多打印 2 次，而实际上它打印了 3 次！这是因为计数是从 0 开始的，而不是 1，并且条件的上限是 2，而不是 1。

11.2.11　跳转到标签

在 JavaScript 中，可以在语句的前面设置"标签名:"，来标记语句。由于 for 循环也是一条语句，因此也可以标记 for 循环。

尝试在内部循环中递增 c 的值。通过选择中断循环跳转到 inner 标签还是 mark 标签，我们可以改变 for 循环的执行方式。

代码清单 11-20 中的示例是跳转到 mark: 标签，输出结果是 11。

代码清单 11-20　跳转到 mark: 标签

```
001 let c = 0;
002 mark: for (let i = 0; i < 5; i++)
003     inner: for (let j = 0; j < 5; j++) {
004         c++;
005         if (i == 2)
006             break mark;
007     }
008 console.log(c); // 11
```

代码清单 11-21 中的示例是跳转到 inner: 标签，输出结果是 21。

11

代码清单 11-21   跳转到 inner: 标签

```
001 let c = 0;
002 mark: for (let i = 0; i < 5; i++)
003     inner: for (let j = 0; j < 5; j++) {
004         c++;
005         if (i == 2)
006             break inner;
007     }
008 console.log(c); // 21
```

由于内部循环的执行流程跳转的标签不同，因此这两个示例在逻辑上是不一样的。

11.2.12　跳出标记的块级作用域

可以使用 break 关键字跳出标记的非 for 循环的常规块级作用域，如代码清单 11-22 所示。

代码清单 11-22   跳出块级作用域

```
001 block: {
002     console.log("before");
003     break block;
004     console.log("after");
005 }
```

控制台输出如代码清单 11-23 所示。

代码清单 11-23   控制台输出

```
001 "before"
```

执行流程永远都不会执行到 "after"。

11.3　for...of 循环

当处理数组或对象属性时，使用带索引的迭代器（如 for 循环）会变得很麻烦，当它们的个数未知时尤其如此。

for...of 循环可以解决该问题。我们先来看一个使用了 for...of 循环和生成器的高级示例，然后再讨论其他一些简单的用例。

11.3.1　for...of 和生成器

有时，你也许想同时使用 for 循环和生成器，生成器是加上 function* 关键字的一种特殊的函数。

当调用生成器函数时，它内部的多条 yield 语句并不会同时执行，这与你通常的预期有所不同。只有第一条 yield 语句被执行。要执行语句 2 和语句 3，就必须再次调用生成器函数（两次以上）。在内部，每次调用生成器函数时，yield 语句计数器都会自动递增。

生成器异步执行 yield 语句，即便生成器函数内部的代码是线性的也如此。这是为了让代码与其他方法（如 XMLHttpRequest、Ajax 等）相比更具可读性（见代码清单 11-24）。

代码清单 11-24　生成器函数

```
001  // 生成器函数
002  function* generator() {
003      yield 1;
004      yield 2;
005      yield 3;
006  }
007
008  for (let value of generator())
009      console.log(value);
```

代码清单 11-24 中的代码相当于手动调用 3 次生成器（当你想手动递增生成器时，只需确保先将其赋给另一个变量即可），如代码清单 11-25 所示。

代码清单 11-25　手动调用 3 次生成器

```
001  let gen = generator();
002
003  console.log(gen.next().value);
004  console.log(gen.next().value);
005  console.log(gen.next().value);
```

上述两种情况的控制台输出都如代码清单 11-26 所示。

代码清单 11-26　控制台输出

```
001  1
002  2
003  3
```

生成器是一次性函数。不可以像对常规函数那样，在执行完最后一条 yield 语句之后试图多次重复使用生成器函数。

11

11.3.2 for...of 和字符串

字符串是**可迭代的**。可以使用 for...of 循环来迭代字符串的每个字符，如代码清单 11-27 所示。

代码清单 11-27 使用 for...of 循环迭代字符串

```
001  let string = 'text';
002
003  for (let value of string)
004      console.log(value);
```

控制台输出如代码清单 11-28 所示。

代码清单 11-28 控制台输出

```
001  't'
002  'e'
003  'x'
004  't'
```

11.3.3 for...of 和数组

假设我们有如代码清单 11-29 所示的一个数组。

代码清单 11-29 定义一个数组

```
001  let array = [0, 1, 2];
```

可以迭代该数组，而无须创建索引变量。当到达数组的末尾时，循环将自动结束（见代码清单 11-30）。

代码清单 11-30 使用 for...of 循环迭代数组

```
001  for (let value of array)
002      console.log(value);
```

控制台输出如代码清单 11-31 所示。

代码清单 11-31 控制台输出

```
001  0
002  1
003  2
```

11.3.4 for...of 和对象

如果可以使用 for...of 循环来迭代对象的属性，那就太好了，是吧？请看代码清单 11-32。

代码清单 11-32　使用 for...of 循环迭代对象

```
001  let object = { a: 1, b: 2, c: 3 };
002
003  for (let value of object) // 错误: 对象是不可迭代的
004      console.log(value);
```

for...of 仅处理**可迭代**的值。对象是**不可迭代**的（它拥有**可枚举**的属性）。解决方案之一是在 for...of 循环中使用对象之前，先将其转换为可迭代对象。

11.3.5 for...of 循环和转换的可迭代对象

作为补救措施，可以先使用一些内置的对象方法，如 .key、.values 或 .entries，将对象转换为可迭代对象，如代码清单 11-33 所示。

代码清单 11-33　将对象转换为可迭代对象

```
001  let enumerable = { property : 1, method : () => {} };
002
003  for (let key of Object.keys( enumerable ))
004      console.log(key);
005
006  Console Output:
007  > property
008  > method
009
010  for (let value of Object.values( enumerable ))
011      console.log(value);
012
013  Console Output:
014  > 1
015  > () => {}
016
017  for (let entry of Object.entries( enumerable ))
018      console.log(entry);
019
020  Console Output:
021  > (2) ["prop", 1]
022  > (2) ["meth", f()]
```

这也可以不使用对象转换方法，而使用 for...in 循环来实现。下一节将具体介绍。

11

11.4 for...in 循环

for...of 循环（参见上一节）只接受**可迭代**的值。除非先将对象转换为可迭代对象，否则 for...of 循环将无法使用。

for...in 循环处理**可枚举**的对象属性。对于迭代对象属性来说，这是一种更佳的解决方案。你应该使用 for...in 循环来处理对象，如代码清单 11-34 所示。

代码清单 11-34 使用 for...in 循环处理对象

```
001  let object = {
002      a: 1,
003      b: 2,
004      c: 3,
005      method: () => { }
006  };
007
008  for (let value in object)
009      console.log(value, object[value]);
010
011  // 控制台输出（请注意，方法也是可枚举的）
012  1
013  2
014  3
015  () => { }
```

for...in 循环只迭代**可枚举**的对象属性。尽管所有的对象属性都存在于对象之中，但并非所有的对象属性都是可枚举的。for...in 迭代器将跳过所有不可枚举的属性。

在 for...in 循环的输出中不会出现**构造函数**和**原型**属性。尽管它们也存在于对象之中，但被认为是不可枚举的。

11.5 while 循环

while 循环会执行无限次迭代，直至指定的条件（只有一个）变为 false。这时，循环将停止，执行流程将恢复，如代码清单 11-35 所示。

代码清单 11-35 while 循环

```
001  while (condition) {
002      /* 执行某些操作，直至条件为 false */
003  }
```

如代码清单 11-36 所示，当条件变为 false 时，while 循环将自动停止。

代码清单 11-36　执行 5 次的 while 循环

```
001 let c = 0;
002 while (c++ < 5)
003     console.log(c);
```

控制台输出如代码清单 11-37 所示。

代码清单 11-37　控制台输出

```
001 1
002 2
003 3
004 4
005 5
```

在循环中可以测试第 2 个条件。根据需要，可以提前终止循环（见代码清单 11-38）。

代码清单 11-38　提前终止循环

```
001 while (condition_1) {
002     if (condition_2)
003         break;
004 }
```

while 和 continue

continue 关键字可以用来跳步，如代码清单 11-39 所示。

代码清单 11-39　使用 continue 关键字跳步

```
001 let c = 0;
002
003 while (c++ < 1000) {
004     if (c > 1)
005         continue;
006     console.log(c);
007 }
```

控制台输出如代码清单 11-40 所示。

代码清单 11-40　控制台输出

```
001 1
```

请记住，这只是示例。在实际中，这会被认为是糟糕的代码，因为 if 语句仍然会被执行 1000 次。控制台仅在 c == 0 时打印 1。如果要提前退出，请使用 break。

11

第 12 章

数组和字符串

12

许多数组方法是迭代器。你应该使用内置的数组方法，而不是将数组传递给 for 循环或 while 循环。数组方法通常具有更简洁的语法，并且都附加到 Array.prototype 属性中。这意味着可以直接通过数组对象（如 Array.forEach）或数组字面量来执行数组方法（如 [1,2,3].forEach）。

12.1 ES10 Array.prototype.sort

V8 之前（ES10 之前）的实现对包含 10 个元素以上的数组使用了一种不稳定的快速排序算法。然而在稳定的排序算法中，两个键相等的对象在排序后的顺序与在排序前的顺序相同。现在，情形已经发生改变，ES10 提供了一种稳定的数组排序算法。

举例来说，fruit 数组的定义如代码清单 12-1 所示。

代码清单 12-1　fruit 数组

```
001 var fruit = [
002     { name: "Apple",      count: 13 },
003     { name: "Pear",       count: 12 },
004     { name: "Banana",     count: 12 },
005     { name: "Strawberry", count: 11 },
006     { name: "Cherry",     count: 11 },
007     { name: "Blackberry", count: 10 },
008     { name: "Pineapple",  count: 10 }
009 ];
```

下面执行排序，如代码清单 12-2 所示。

代码清单 12-2　执行排序

```
001 // 创建排序函数
002 let my_sort = (a, b) => a.count - b.count;
003
004 // 执行稳定的ES10排序
```

```
005 | let sorted = fruit.sort(my_sort);
006 | console.log(sorted);
```

控制台输出如图 12-1 所示。

```
▼(7) [{…}, {…}, {…}, {…}, {…}, {…}, {…}] ℹ
  ▶ 0: {name: "Blackberry", count: 10}
  ▶ 1: {name: "Pineapple", count: 10}
  ▶ 2: {name: "Strawberry", count: 11}
  ▶ 3: {name: "Cherry", count: 11}
  ▶ 4: {name: "Pear", count: 12}
  ▶ 5: {name: "Banana", count: 12}
  ▶ 6: {name: "Apple", count: 13}
    length: 7
  ▶ __proto__: Array(0)
> |
```

图 12-1　排序结果

12.2　Array.forEach

forEach 方法会针对数组中的每一项执行函数。每次迭代都接受 3 个参数：value、index 和 object。这类似于 for 循环，但看起来更整洁，如代码清单 12-3 所示。

代码清单 12-3　forEach 方法示例

```
001 | let fruit = ['pear',
002 |             'banana',
003 |             'orange',
004 |             'apple',
005 |             'pineapple'];
006 |
007 | let print = function(item, index, object) {
008 |     console.log(item);
009 | }
010 |
011 | fruit.forEach( print );
```

从 ES6 开始，建议将箭头函数与数组方法一起使用。这样，在构建大型应用程序时，代码更易于阅读和维护。我们来看一下如何使语法更整洁。

由于在 JavaScript 中函数也是表达式，因此可以直接将函数传给 forEach 方法，如代码清单 12-4 所示。

代码清单 12-4   直接将函数传给 forEach 方法

```
001  fruit.forEach(function(item, index, object) {
002      console.log(item, index, object);
003  });
```

在这里，你或许想使用箭头函数 () => {}，如代码清单 12-5 所示。

代码清单 12-5   使用箭头函数

```
001  fruit.forEach((item, index, object) => {
002      console.log(item, index, object);
003  });
```

以上两个示例的输出均如图 12-2 所示。

```
"pear",      0, (5)["pear","banana","orange","apple","p...]
"banana",    1, (5)["pear","banana","orange","apple","p...]
"orange",    2, (5)["pear","banana","orange","apple","p...]
"apple",     3, (5)["pear","banana","orange","apple","p...]
"pineapple", 4, (5)["pear","banana","orange","apple","p...]
```

图 12-2   遍历结果

如果只处理一个参数并返回语句，则可以采用代码清单 12-6 中的这种简短形式。如果只有一条语句，就可以移除大括号。

代码清单 12-6   简短形式

```
001  fruit.forEach(item => console.log(item));
```

图 12-3 展示了输出的遍历结果。

```
"pear"
"banana"
"orange"
"apple"
"pineapple"
```

图 12-3   遍历结果

12.3 Array.every

返回值：布尔值。

请不要将 every 与 forEach 相混淆。forEach 的逻辑是"针对每项执行"。在许多情况下，如果至少存在一项的求值结果不符合指定条件，那么实际上就不会对数组中的每项执行 every 方法。

如果数组中每项的值都满足函数参数中指定的条件，那么 every 方法将返回 true，如代码清单 12-7 所示。

代码清单 12-7　返回 true 的 every 方法

```
001 let numbers = [0,1,2,3,4,5,6,7];
002 let result = numbers.every(value => value < 10 );
003 result; // true
```

之所以结果为 true，是因为数组中的所有数字都小于 10。我们使用另外一个值集来执行同一个方法。如果数组中存在 10 或更大的数字，则结果为 false，如代码清单 12-8 所示。

代码清单 12-8　返回 false 的 every 方法

```
001 let numbers = [0,1,256,3,4,5,6,7];
002 let result = numbers.every(value => value < 10 );
003 result; // false
```

其中一个数字是 256。这意味着"并不是数组中的每个值都小于 10"。因此，返回 false。需要注意的是，一旦 every 方法遇到 256，将不再检查剩余的项。只要一个测试失败，就会返回 false。every 方法并不会修改原始的数组。方法中的值是副本，并不是原始数组中的值的引用，请看代码清单 12-9。

代码清单 12-9　every 方法不会修改原始的数组

```
001 let numbers = [0,1,256,3,4,5,6,7];
002 let result = numbers.every(value => value++ < 10 );
003
004 console.log(result);  // false
005 console.log(numbers); // 原始数组无变化
```

12.4　Array.some

返回值：布尔值。

some 方法与 every 方法类似，不过是在遇到求值结果为 true 的值时停止循环。代码清单 12-10 对比了两个方法。

代码清单 12-10　对比 some 方法和 every 方法

```
001 let numbers = [0, 10, 2, 3, 4, 5, 6, 7];
002 let condition = value => value < 10; // 值小于10
003 let some = numbers.some(condition); // true
004 let every = numbers.every(condition); // false
```

在这里，some 方法返回 true，这是因为它检查到第一个值 0 小于 10，就会立即返回
true，而不再检查其余的值。对于该数据集，every 方法返回 false，这是因为当它到达值为
10 的第二项时，"小于 10"的测试失败。

注意：不要认为 some 和 every 的作用相反。在某些情况下，对于同一个数据集，它们会返回
相同的结果。

12.5 Array.filter

返回值：仅由符合条件的项组成的新数组。

来看一个例子，如代码清单 12-11 所示。

代码清单 12-11　filter 方法示例

```
001  let numbers = [0,10,2,3,4,5,6,7];
002  let condition = value => value < 10;
003  let filtered = numbers.filter(condition);
004  console.log(filtered); // [0,2,3,4,5,6,7]
005  console.log(numbers); // 原始数组无变化
```

过滤后的新数组包含除 10 之外的所有原始项，这是因为 10 未通过"小于 10"的测试。在
实际应用中，条件可能会更复杂，处理的对象集也会更大。

12.6 Array.map

返回值：对原始数组中的值进行修改（如果修改的话）后的副本。

来看一个例子，如代码清单 12-12 所示。

代码清单 12-12　map 方法示例

```
001  let numbers = [0,1,256,3,4,5,6,7];
002
003  let result = numbers.map(value => value = value + 1 );
004
005  console.log(result); // [1,2,257,4,5,6,7,8]
006  console.log(numbers); // 原始数组无变化
```

map 方法与 forEach 方法类似，但它返回修改后的数组的副本。请注意，原始数组仍然保
持不变。

12.7　Array.reduce

返回值：累加器。

reduce 既与其他方法相似，又是与众不同的，因为它拥有一个累加器的值。累加器的值必须进行初始化。reduce 分为多种类型。我们先看一个简单的例子，如代码清单 12-13 所示。

代码清单 12-13　reduce 方法示例

```
001  const numbers = [1, 2, 4];
002  const R = (acc, currentValue) => acc + currentValue;
003  console.log(numbers.reduce(R)); // 7
```

随着值的迭代，累加器将所有的数字相加为一个值。与处理迭代的其他数组方法一样，reduce 可以访问当前正在迭代的值（currentValue）。reduce 将所有的数字相加为一个累加器的值，并返回 1 + 2 + 4 = 7。

如何在更复杂的实际情况下理解 reduce 呢？当实际开发软件时，你并不会使用 reduce 来计数。这可以通过一个简单的 for 循环来实现。你遇到的大多数情况是一组数据需要被"归约"为基于某种标准的重要值。

12.7.1　Array.reduce 与 Array.filter

数组对象拥有许多方法，它们乍一看似乎执行同样的操作，这是有缘由的。在面对数组方法时，一定要为任务选择一个合适的工具。不要仅仅因为想使用 reduce 而使用它，要弄清楚是否存在更高效的方法。

有人说 reduce 是 filter 和 map 之父。需要使用 filter 和 map 的操作都可以使用 reduce 来完成。不过，reduce 提供了一种比 for 循环或其他数组方法更巧妙的解决方案，来对数字求和。

12.7.2　更新数据库中的对象属性

在执行更新或删除等 API 操作之后，你也许想更新应用程序的视图。使用 reduce 方法，只需更新受影响的对象属性，而不必更新所有的对象属性。

12.7.3　reduce 的实际应用

1. 缩小对象属性的范围

假设二手车交易应用程序有一个按钮，可以更新特定车辆的价格。用户设置新的价格，并单击该按钮。这会更新数据库中的车辆信息。然后，回调函数会返回一个对象，其中包含该车辆 ID 对应的所有属性（如价格、品牌、型号和年份），但是只需要更新价格。

reduce 能够确保将范围缩小为车辆的价格属性，而不是对象的整个属性集。之后，该对象将被发送回数据库，并且应用程序的视图将得到更新。

2. 计算周末个数

假设需要实现这样一个函数：根据给定的月份，返回该月份中的周末个数以及工作日和法定假期的天数。

重要的是，要保持输入值与 reduce 返回值的类型相同。reduce 的一大特点是归约集合（不一定是通过过滤，但也可以实现）。

3. 函数的纯粹性

遵循函数式编程原则的代码经常会使用 reduce，**函数的纯粹性**就是其中的一个原则。接下来的注意事项将介绍纯函数的一些特性。

12.7.4　注意事项

尽管并非必须遵循本节所述思想，但它们能够帮助你避免编写反模式的代码。

仅当结果与数组元素具有相同类型且与 reduce 相关时，才使用 reduce，如代码清单 12-14 所示。

代码清单 12-14　数值数组被"归约"为同一类型的数值

```
001 [1,2,3,4,5].reduce((a, b) => a + b, 0);
```

以下是其他注意事项。

❑ 请使用它来求和。
❑ 请使用它来计算乘积。
❑ 请使用它来更新 React 中的状态。
❑ 请勿使用它从头开始构建新的列表或对象。
❑ 请勿使用它来转换参数（或修改参数的值）。
❑ 请勿使用它来执行额外操作，如 API 调用、路由转换。
❑ 请勿使用它来调用非纯函数，如 Date.now、Math.random。

12.8　ES10 Array.flat

代码清单 12-15 展示了如何扁平化多维数组。

代码清单 12-15   扁平化多维数组

```
001 let multi = [1,2,3,[4,5,6,[7,8,9,[10,11,12]]]];
002 multi.flat();                  // [1,2,3,4,5,6,Array(4)]
003 multi.flat().flat();           // [1,2,3,4,5,6,7,8,9,Array(3)]
004 multi.flat().flat().flat();    // [1,2,3,4,5,6,7,8,9,10,11,12]
005 multi.flat(Infinity);          // [1,2,3,4,5,6,7,8,9,10,11,12]
```

12.9   ES10 Array.flatMap

请看代码清单 12-16。

代码清单 12-16   创建多维数组

```
001 let array = [1, 2, 3, 4, 5];
002 array.map(x => [x, x * 2]);
```

数组变为图 12-4 中这样。

```
▶ 0: (2) [1, 2]
▶ 1: (2) [2, 4]
▶ 2: (2) [3, 6]
▶ 3: (2) [4, 8]
▶ 4: (2) [5, 10]
  length: 5
```

图 12-4   创建的多维数组

现在扁平化数组，如代码清单 12-17 所示。

代码清单 12-17   扁平化多维数组

```
001 array.flatMap(v => [v, v * 2]);
```

结果如图 12-5 所示。

```
▶ [1, 2, 2, 4, 3, 6, 4, 8, 5, 10]
```

图 12-5   扁平化后的结果

12.10   ES10 String.prototype.matchAll

在编写软件时，如何在字符串中匹配多种模式是一个很常见的问题。用例包括从电子邮件头提取名字和邮箱地址、扫描是否存在特有模式等。过去，为了匹配多项，我们结合使用 string.match 与正则表达式和全局匹配符 /g，或者使用带 /g 的 RegExp.exec 或 RegExp.test。

我们先来看一下旧规范的原理。带字符串参数的 `string.match` 仅返回第一个匹配项，如代码清单 12-18 所示。

```
001  let string = "Hello";
002  let matches = string.match("l");
003  console.log(matches[0]); // "l"
```

结果是一个字母 "l"（注意，匹配结果存储在 `matches[0]` 中，而不是 `matches` 中）。

在 "hello" 中搜索 "l"，仅返回一个 "l"。使用带正则表达式参数的 `string.match` 也是如此。我们使用正则表达式 `/l/` 来定位字符串 "hello" 中的 "l"，如代码清单 12-19 所示。

```
001  let string = "Hello";
002  let matches = string.match(/l/);
003  console.log(matches[0]); // "l"
```

12.10.1　使用全局匹配符 /g

如代码清单 12-20 所示，带正则表达式和全局匹配符 /g 的 `string.match` 会返回多个匹配项。

```
001  let string = "Hello";
002  let ret = string.match(/l/g); // (2) ["l", "l"];
```

太棒了！我们没有使用 ES10 的新特性就得到了多个匹配项。既然如此，为什么还要使用全新的 `matchAll` 方法呢？在详细回答该问题之前，先来看一下捕获组。别的不说，我们起码能够从中学到一些关于正则表达式的新内容。

12.10.2　正则表达式的捕获组

正则表达式中的捕获组就是从括号 () 中提取模式。可以使用 `regex.exec(` 字符串 `)` 和 `string.match` 来捕获组。正则表达式的捕获组是通过将模式包裹在括号中创建的，为（模式）。而对结果对象创建组的属性则是 (?< 名称 > 模式)。要创建组的名称，就在括号中的开头设置 ?< 名称 >。结果对象就会添加一个新的属性 `groups.` 名称。

图 12-6 展示了我们要匹配的字符串示例。

```
black*raven lime*parrot white*seagull
```

图 12-6   要匹配的字符串示例

代码示例如代码清单 12-21 所示。

代码清单 12-21   match.groups.color 和 match.groups.bird 是通过在正则表达式字符串
的括号中添加 ?<color> 和 ?<bird> 创建的

```
001 | const string = 'black*raven lime*parrot white*seagull';
002 | const regex = /(?<color>.*?)\*(?<bird>[a-z0-9]+)/g;
003 | while (match = regex.exec(string))
004 | {
005 |     let value = match[0];
006 |     let index = match.index;
007 |     let input = match.input;
008 |     console.log(`${value} at ${index} with '${input}'`);
009 |     console.log(match.groups.color);
010 |     console.log(match.groups.bird);
011 | }
```

regex.exec 方法需要调用多次，才能遍历整个搜索结果集。在每次迭代中调用该方法时，都会显示下一个结果（exec 不会同时返回所有的匹配项）。因此，这里使用了 while 循环。

控制台输出如图 12-7 所示。

```
black*raven at 0 with 'black*raven lime*parrot white*seagull'

black

raven

lime*parrot at 11 with 'black*raven lime*parrot white*seagull'

lime

parrot

white*seagull at 23 with 'black*raven lime*parrot white*seagull'

white

seagull

>  |
```

图 12-7   控制台输出

JavaScript 有一个怪癖。如果删除该正则表达式中的 /g，那么第一个结果将无限循环。这在过去是非常痛苦的。假设你从某个数据库接收正则表达式，但并不确定它的末尾有 /g，这就需要编写额外的代码来检查。

12.10.3   使用 matchAll 的理由

我们有充分的理由使用 matchAll 方法，以下列举一些理由和注意事项。

❑ 当与捕获组一起使用时，代码会更整洁。在正则表达式中，捕获组是带括号的部分，用来提取模式。
❑ 它返回迭代器，而不是数组。迭代器本身是非常有用的。
❑ 迭代器可以由展开运算符（...）转换为数组。
❑ 不必再使用带 /g 的正则表达式。当从数据库或外部数据源中获取未知的正则表达式，并与旧的 RegEx 对象一起使用时，这非常有用。
❑ 使用 RegEx 对象创建的正则表达式不可以使用点运算符（.）来连接。
❑ RegEx 对象会改变内部的 lastIndex 属性，该属性用来跟踪上次匹配的位置。这可能会在复杂的情况下引发问题。

12.10.4   matchAll 的工作方式

我们来匹配单词 hello 中的 e 和 l。由于返回的是迭代器，因此可以使用 for...of 循环来遍历它，如代码清单 12-22 所示。

代码清单 12-22   匹配 e 和 l

```
001 | // 匹配出现的所有e和l
002 | let iterator = "hello".matchAll(/[el]/);
003 | for (const match of iterator)
004 |    console.log(match);
```

请注意，matchAll 方法并不需要全局匹配符 /g。匹配结果如代码清单 12-23 所示。

代码清单 12-23   匹配结果

```
001 | [ 'e', index: 1, input: 'hello' ] // 迭代1
002 | [ 'l', index: 2, input: 'hello' ] // 迭代2
003 | [ 'l', index: 3, input: 'hello' ] // 迭代3
```

12.10.5   使用 matchAll 的捕获组示例

如前所述，由于 matchAll 返回的是迭代器，因此可以使用 for...of 循环来遍历它。来看一个示例，如代码清单 12-24 所示。

代码清单 12-24 使用 for...of 循环遍历

```
001  const string = 'black*raven lime*parrot white*seagull';
002  const regex = /(?<color>.*?)\*(?<bird>[a-z0-9]+)/;
003  for (const match of string.matchAll(regex)) {
004      let value = match[0];
005      let index = match.index;
006      let input = match.input;
007      console.log(`${value} at ${index} with '${input}'`);
008      console.log(match.groups.color);
009      console.log(match.groups.bird);
010  }
```

控制台输出如图 12-8 所示。

```
black*raven at 0 with 'black*raven lime*parrot white*seagull'

black

raven

lime*parrot at 11 with 'black*raven lime*parrot white*seagull'

lime

parrot

white*seagull at 23 with 'black*raven lime*parrot white*seagull'

white

seagull

>
```

图 12-8 控制台输出

这也许看起来与 regex.exec 的 while 循环非常相似，但基于前述理由，这是更好的实现方式。此外，由于移除了 /g，因此它不会造成无限循环。

12.10.6 注意事项

请使用 string.matchAll，而不是带全局匹配符 /g 的 regex.exec 和 string.match。

12.11 比较两个对象

比较两个数字字面量（如 1===1）或布尔型字面量（如 true===false）是有意义的，而比较两个对象是什么含义呢？ == 运算符和 === 运算符无法用来比较对象，这是因为它们是按引用而不是按值进行比较的。以代码清单 12-25 为例，[] 和 [] 按值比较可能会相等，但它们是不同的数组。

代码清单 12-25　比较两个空数组

```
001  [] === [];                // 按值比较的结果为false
002  let x = []; x === x; // 仅按引用比较的结果为true
```

为了比较两个对象，我们必须自己编写函数！对象的一种比较方式是，比较它们所有属性的个数、类型和值。

strcmp 是在许多编程语言中常见的字符串比较函数。遵循该函数的命名规范，我们编写自定义函数 objcmp，来比较两个对象，如代码清单 12-26 所示。

代码清单 12-26　浅复制对象的属性比较算法

```
001  // 比较对象，如果所有属性都相等，则返回true
002  export default function objcmp(a, b) {
003
004      // 将属性复制到A和B中
005      let A = Object.getOwnPropertyNames(a);
006      let B = Object.getOwnPropertyNames(b);
007
008      // 如果属性个数不相等，则提前返回
009      if (A.length != B.length)
010          return false;
011
012      // 遍历并比较两个对象的所有属性
013      for (let i = 0; i < A.length; i++) {
014          let propName = A[i];
015
016          // 属性的值和类型必须相等
017          if (a[propName] !== b[propName])
018              return false;
019      }
020
021      // 对象相等
022      return true;
023  }
```

objcmp 函数有两个参数 a 和 b，表示要比较的两个对象。这是一种非递归的浅复制算法。换句话说，我们只比较直接附属于对象的第一类属性，并不比较属性的属性。在大多数情况下，这样做就可以了。

不过，这里存在一个大问题。在目前的形式下，该函数的属性不可以指向数组或对象。这两种常见的数据结构很可能就是某个对象的一部分。即使不进行深度比较，只要某个属性指向对象或数组，不管两个对象的属性个数和实际值是否相同，函数也都会返回 false，如代码清单 12-27 所示。

代码清单 12-27　在这种情况下，objcmp 函数返回 false

```
001  // 创建两个相同的对象
002  let a = { prop: [1,2], obj: {} };
003  let b = { prop: [1,2], obj: {} };
004
005  objcmp(a, b); // false
```

我们的算法无法正确执行 [1,2] === [1,2]。该如何处理这种情况呢？可以编写一个 is_array 函数。由于数组是 JavaScript 中唯一拥有 length 属性的对象，且至少拥有 3 个高阶函数（filter、reduce 和 map），因此，如果对象中存在这些方法，就可以基本确定它是数组，如代码清单 12-28 所示。

代码清单 12-28　is_array 函数

```
001  function is_array(value) {
002      return typeof value.reduce == "function" &&
003              typeof value.filter == "function" &&
004              typeof value.map == "function" &&
005              typeof value.length == "number";
006  }
007
008  // 测试函数
009  console.log(is_array(1));            // false
010  console.log(is_array("string"));     // false
011  console.log(is_array({a: 1}));       // false
012  console.log(is_array(true));         // false
013  console.log(is_array([]));           // true
014  console.log(is_array([1,2,3,4,5]));  // true
```

12.11.1　编写 arrcmp

假定数组相等是指两个数组的每个对应位置上的值都匹配。在这个前提下，我们来编写 arrcmp 函数，如代码清单 12-29 所示。

代码清单 12-29   arrcmp 函数

```
001 let a = [1,2];
002 let b = [1,2];
003 let c = [5,5];
004
005 function arrcmp(a, b) {
006
007   // 一个或两个值不是数组
008   if (!(is_array(a) && is_array(b)))
009      return false;
010
011   // 长度不相等
012   if (a.length != b.length)
013      return false;
014
015   // 按值比较
016   for (let i = 0; i < a.length; i++)
017      if (a[i] !== b[i])
018         return false;
019
020   // 所有测试都通过：数组a和b相等
021   return true;
022 }
023
024 console.log(arrcmp(a,b)); // true
025 console.log(arrcmp(b,b)); // true
026 console.log(arrcmp(b,c)); // false
```

JavaScript 并没有比较数组的内置函数，这是有理由的。数据映射到数组的方式在很大程度上取决于应用程序对数据的整体设计方式。毕竟，两个数组相等究竟意味着什么呢？项目不同，数据布局就不同，将数据存储在数组中的目的也会不同。因此，并不能总保证数组的完整性。

由于本书没有涉及具体的项目，因此我们只能做上述假设。

12.11.2   改进 objcmp

既然有了 is_array 函数和 arrcmp 函数，我们就向 objcmp 函数中添加两种特殊情况的比较代码：一种是使用新的函数来比较数组，另一种是使用递归来比较对象。这样做将改善算法，使其不易出错。

如果对象的一个属性本身确定是对象字面量，那么 objcmp 将调用自己，如代码清单 12-30 中的第 25 行所示。

12

代码清单 12-30　完善 objcmp 函数

```
001  // 比较对象, 如果所有属性都相等, 则返回true
002  function objcmp(a, b) {
003
004      // 将属性复制到A和B中
005      let A = Object.getOwnPropertyNames(a);
006      let B = Object.getOwnPropertyNames(b);
007
008      // 如果属性个数不相等, 则提前返回
009      if (A.length != B.length)
010          return false;
011
012      // 遍历并比较两个对象的所有属性
013      for (let i = 0; i < A.length; i++) {
014          let propName = A[i];
015          let p1 = a[propName];
016          let p2 = b[propName];
017          // 属性指向数组
018          if (is_array(p1) && is_array(p2)) {
019            if (!arrcmp(p1, p2))
020                return false;
021          } else
022          // 属性指向对象
023          if (p1.constructor === Object &&
024              p2.constructor === Object) {
025              if (!objcmp(p1, p2))
026                  return false;
027          // 按原始值进行比较
028          } else if (p1 !== p2)
029              return false;
030      }
031      return true;
032  }
```

本例高亮显示与前面版本不同的代码行，其中添加了属性是指向数组还是指向对象的测试。如果属性既不指向数组也不指向对象，则正常比较原始值。

12.11.3　针对更复杂的对象测试 objcmp

我们来试一试！请看代码清单 12-31。

代码清单 12-31   3 个对象

```
001  let M = {              let N = {              let O = {
002      a: 1,                 a: 1,                 a: 1,
003      b: 100n,              b: 100n,              b: 100n,
004      c: {},                c: {},                c: {},
005      d: [1,2],             d: [1,2],             d: [5,7],
006      e: "abc",             e: "abc",             e: "abc",
007      f: true,              f: true,              f: true,
008      g: () => {}           g: () => {}           g: () => {}
009  };                    };                    };
```

这里有 3 个对象 M、N 和 O。M 和 N 是一样的，而 O 只有数组值 [5,7] 与前两者有所不同。针对这 3 个对象应用 objcmp 函数，结果如代码清单 12-32 所示。

代码清单 12-32   针对 3 个对象应用 objcmp 函数

```
001  objcmp(M, M);                          // true
002  objcmp(M, N);                          // true
003  objcmp(M, O);                          // false
```

针对如代码清单 12-33 所示的情形，旧版本的 objcmp 返回的是 false。不过，改进后的函数可以正常工作了。

代码清单 12-33   终于返回 true

```
001  // 创建两个相同的对象
002  let a = { prop: [1,2], obj: {} };
003  let b = { prop: [1,2], obj: {} };
004
005  objcmp(a, b); // true
```

再使用不同的对象字面量来进行测试，如代码清单 12-34 所示。

代码清单 12-34   使用对象字面量测试

```
004  objcmp({a:[1,2]}, {a:[1,2]}); // true
005  objcmp({a:{b:1}}, {a:{b:1}}); // true
006  objcmp({a:[1,2]}, {a:[1,3]}); // false
007  objcmp({a:{b:1}}, {a:{b:2}}); // false
```

对象比较函数现在可以按预期工作了。虽然它并不完美，但至少在大多数情况下不会出问题了。实际上，它甚至可以递归检查对象属性，这比之前的搜索更深入了一些。

可改进之处：你可以进一步改进该函数，检查对象数组，而不仅仅检查数值数组。

如上所示，这正是深度搜索的局部函数不存在的原因。它实际上取决于你的数据实现。谁能保证数组就包含对象，或某个对象属性就指向另一个对象呢？如果没有这些知识，我们很难创建一个通用而又不存在反模式风险的算法。

12.11.4　objcmp 小结

在解决"比较两个对象"这个问题时，我们发现了另一个需要先解决的问题（比较两个数组）。这是我们在考虑编写 objcmp 时未预料到的。既然 JavaScript 已经提供了 Array.isArray 方法，那么为什么我们还要多此一举呢？

能否**主动**解决问题，是区分普通程序员和优秀程序员的关键。自己思考解决问题的技巧，而不是使用现有的库，有助于自我提高。自己编写代码总是一个好主意。如果不能自己编写 is_array 函数，那么今后在面临更为复杂的问题时，你的实践经验将不足以支持你编写重要的函数，而这样的函数往往是项目成功的关键。编写这样的函数不仅会让你在同龄人中声名鹊起，而且也会让你的工作成果本身受人瞩目。大多数软件公司在面试环节不仅会测试求职者的知识水平，而且还会了解他们解决问题的方法。因此，自己编写函数是个好主意！

第 13 章

函　数 *13*

13.1　函数

JavaScript 中存在两种函数：使用 `function` 关键字定义的常规函数和 ES6 增加的箭头函数 `() => {}`。

常规函数可以被调用，也可以作为对象的构造函数，与 `new` 运算符一起使用，创建对象的实例。请注意，在 ES6 之后，你也可以使用 `class` 关键字来实现同样的操作。在函数内部，`this` 关键字可以指向调用该函数的语境。如果该函数用作对象的构造函数，那么它还可以指向创建的对象实例。函数的作用域中存在一个类数组的 `arguments` 对象，它持有参数的长度和传递给函数的值，即使是函数定义中并不存在的参数名也是如此。

箭头函数可以被调用，但不可以用来实例化对象。箭头函数在函数式编程中很常见。与常规函数一样，箭头函数可以用来定义对象方法。它还常被用作事件回调函数。在箭头函数的作用域内，`this` 关键字指向 `this` 表示的作用域外的任意内容。箭头函数的作用域中并不存在类数组的 `arguments` 对象。

13.1.1　函数结构

函数定义包含 `function` 关键字、紧随其后的名称（如图 13-1 中的 `update`）、包围参数列表的括号，以及用大括号括起来的函数体。

`return` 关键字不是必需的。不过，即使未指定 `return` 关键字，在函数体中的所有语句都执行完后，函数仍会返回。

在 ES5 的函数中，`this` 关键字指向函数被执行的语境。它通常是全局的 `window` 对象。如果函数使用 `new` 关键字来实例化对象，那么 `this` 关键字将指向函数实例化的对象实例。

`arguments` 是类数组的对象，它包含传递给函数的基于零索引的参数列表，即使函数的定义中并未指定参数名也是如此。

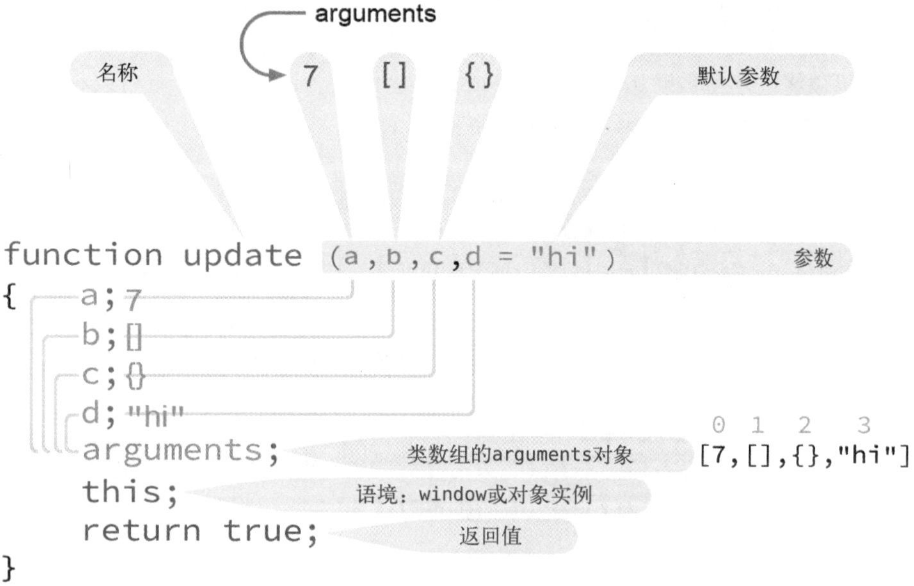

图 13-1 函数结构

13.1.2 匿名函数

匿名函数（无名函数）可以使用同样的语法进行定义，但没有函数名。匿名函数通常用作事件回调，在这种情况下，我们通常不需要知道函数的名称，只是在事件完成后的某个时刻执行该函数。请看图 13-2 和图 13-3 中的示例。

```
setTimeout(function() {
  console.log("Print something in 1 second.");
  console.log(arguments);
}, 1000);
```

图 13-2 用作 setTimeout 事件回调的匿名函数

```
document.addEventListener("click", function() {
  console.log("Document was clicked.");
  console.log(arguments);
});
```

图 13-3 用于捕获鼠标单击事件的匿名函数

13.1.3　将函数赋给变量

可以将匿名函数赋给变量，使其成为有名函数。这样一来，就可以将函数定义与其在基于事件的方法中的使用分开。请看图 13-4 和图 13-5。

```
let print = function() {
  console.log("Print something in 1 second.");
  console.log(arguments);
}
```

图 13-4　将匿名函数赋给变量 print

```
let clicked = function() {
  console.log("Document was clicked.");
  console.log(arguments);
}
```

图 13-5　将匿名函数赋给变量 clicked

现在可以通过函数名来调用它们，如图 13-6 所示。

```
// 调用有名的匿名函数
print();
clicked();
```

图 13-6　赋给变量名的"匿名"函数变成了有名函数

还可以仅按名称将它们传递给事件函数，如图 13-7 所示。

```
// 更整洁的代码
setTimeout(print, 1000);
document.addEventListener("click", clicked);
```

图 13-7　更整洁的代码

这通常会让代码看起来更整洁。请注意，不同的事件函数都会生成自己的参数，不管匿名函数是否定义了参数来捕获它们，它们都会被传递给匿名函数，如图 13-8 所示。

```
let clicked = function(event) {
  console.log(event, event.target);
}
```

图 13-8　事件函数的参数被传递给匿名函数

1. 函数参数

函数参数是可选的。但在很多情况下，会定义一些参数。可以使用默认的函数参数将原始值、数组和对象等传递到函数中。任何求值结果为单个值的函数都可以这样做。请看代码清单 13-1。

代码清单 13-1 函数参数的示例

```
001  function Fun(text, number, array, object, func, misc) {
002
003      // 输出参数的值
004      console.log(text);
005      console.log(number);
006      console.log(array);
007      console.log(object);
008      console.log(func);
009      console.log(misc);
010
011      // 通过参数名来调用函数
012      func();
013  }
```

可以传递另一个函数的名称。这样就可以在另一个函数中的某处调用该函数。

将一些参数传递给函数的参数，如代码清单 13-2 所示。

代码清单 13-2 将参数传递给函数

```
001  function Volleyball() { return "Volleyball"; }
002
003  Fun("Text", 125, [1,2,3], {count:1}, Volleyball, Volleyball());
```

请注意，我们将函数名 Volleyball 和结果 Volleyball（求值结果为字符串值 "Volleyball"）传递给 Fun 函数的最后两个参数，控制台输出如图 13-9 所示。

Text	console.log(text);
125	console.log(number);
▶ (3) [1, 2, 3]	console.log(array);
▶ {count: 1}	console.log(object);
ƒ Volleyball() {return "Volleyball";}	console.log(func);
Volleyball	console.log(misc);
Volleyball	console.log(func());
> |	

图 13-9 控制台输出

这是一些有用的原始值和对象。

最后一个值是通过调用函数 Volleyball 生成的，该函数被传递给参数 func。这意味着我们可以通过调用 func 来调用它，而不是调用 Volleyball，因为 func 是函数内部的名称。

2. 检查类型

JavaScript 是一门动态类型语言。变量的类型由它的值决定。变量定义只假定类型，这有时会引起一些小错误。例如，尽管 JavaScript 提供了许多对象类型，但它实际上并不提供**自动保护**，因此不能确保传递给函数的参数是你所预期的。

在前面的示例中，如果我们将数组或对象传递给 func 参数，会怎么样呢？Fun 函数希望该参数所接收的内容类型是函数。如果不是函数，则无法调用 func。我们来讨论一下该问题，请看代码清单 13-3。

代码清单 13-3   传递错误类型的参数示例

```
001  function Fun(func) {
002    console.log(func()); // 通过参数名来调用函数
003  }
004
005  var array = [];
006  var f = function() {}
007
008  Fun(array); // 传递数组，而不是函数
```

我们无法调用数组。因此，控制台输出如图 13-10 所示。

```
❌ ▶Uncaught TypeError: func is not a function
       at Fun (pen.js:4)
       at pen.js:9
 ❯
```

图 13-10   控制台输出

如果这出现在产品代码中，将会发生问题。

3. 保护函数参数

解决方法就是通过检查参数类型来保护其值。JavaScript 中有一个内置的 typeof 运算符，可以在调用函数之前使用它，如代码清单 13-4 所示。

代码清单 13-4   检查参数类型

```
001  function Fun(func) {
002    // 仅当它是函数时才进行调用
003    if (typeof func == "function")
```

```
004 |        console.log(func());
005 | }
006 |
007 | var array = [];
008 | var f = function() {}
009 |
010 | Fun(array); // 传递数组，而不是函数
```

这时调用 Fun(array)。该函数期待参数是函数名，但传过来的是数组。typeof 测试失败，虽不执行任何操作，但至少程序不会崩溃。如果要求特定值必须与特定类型完全一致，则可以执行同样的操作。

13.2　this 关键字的来源

this 关键字借鉴自 C++。在其原始设计中，this 关键字指向类定义中的对象**实例**。就是这样！仅此而已。但 JavaScript 语言的原始设计者似乎想使用 this 关键字来提供一个额外的特性——持有执行语境的链接。但是，这不应该成为计算机语言特性设计的一部分，而应该脱离其内部实现，如图 13-11 所示。

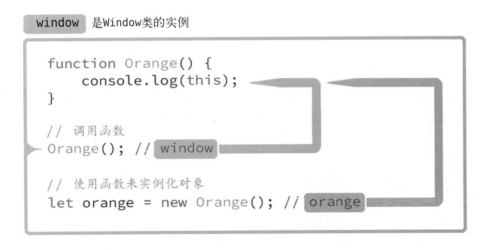

图 13-11　this 关键字的二元性经常会让人头痛，得服用两片布洛芬才能缓解

虽然在任何编程语言中，你都无法避免处理语境，但将语境绑定到 this 关键字是错误的，因为这会造成二元性和许多混乱。箭头函数后来被提了出来，用于解决 this 关键字引起的一些问题。第 15 章将专门介绍箭头函数。

第 14 章

高阶函数

14.1　理论

高阶函数听起来可能很复杂，但实际上它比你一直处理的常规（一阶）函数要简单。顾名思义，高阶函数是高层次思维的内容。抽象就是这样。如果你想在软件开发方面做得更好，理解抽象这一概念非常重要。抽象关注思想，而不是具体细节。一旦掌握了抽象，它就会成为你最好的朋友。

14.1.1　抽象

在驾车途中，你踩下制动踏板时不会考虑重量如何分配、制动钳中的活塞如何将刹车片推到制动盘上，或动力辅助模式如何增加你踩下踏板的压力。你只想将车停下来，这才是你所期望的。此时，你已经在用抽象思维了——这很自然。

在编写软件应用程序时，情况又是什么样的呢？在下一节中，我们将编写自己的高阶函数 map，它将迭代数组中的每项，并对其执行一个函数操作。如果把 map 函数放到前面例子中的汽车制动系统中，它就是制动踏板，负责控制制动钳和活塞，即一个通过抽象化来处理低级细节的机制。因此，当调用 map 函数时，无须考虑所有的细节。我们只希望执行某个操作，并从函数返回预期的结果。这非常棒，但在使用该函数之前，我们必须设计其内容，并确定这些细节的原理。

JavaScript 已经支持一些高阶函数。但在使用这些函数之前，我们先来编写自己的函数。这将有助于加深对高阶函数的理解，除此之外，还能帮助我们加深对抽象的理解。

14.1.2　编写第一个高阶函数

由于并不是所有的问题都可以用内置的 JavaScript 函数解决，因此在编写软件时，你会面临这样的情形：必须自己编写函数，或需要以抽象的方式思考才能形成最有效的解决方案。

执行一个动作的一阶函数

实际动作并不在 map 中执行，而是在作为参数传递给 map 的函数中执行。这意味着 map 函数并不是只有单一的用途，而是可以通过传递给它的函数执行任何操作。

我们将创建 map 函数，并向其传递一个一阶函数，该一阶函数的用途只是将数值递增 1。就像汽车制动器的例子一样，map 函数的用户无须关心内部的 for 循环是如何遍历所有项的。我们只是给它一个任务。为此，我们将另一个函数传递给高阶 map 函数。

> **注意**：真正使函数抽象化的是高阶函数本身无须具体地知道它在做什么。它只是针对一组值执行操作的逻辑框架。这与 for 循环非常相似。实际上，for 循环正是其核心。但是，在使用该函数时，for 循环就不重要了。你可以将这看作对 for 循环的抽象（假设）。

高阶函数通常与一阶函数一起使用。请不要将高阶函数看作一种特性。它们可以表现为 for 循环，还可以用来实例化事件，这时，一阶函数将会与回调函数一起使用。高阶函数并不限于单一用途。它们支持不同的逻辑模式，这是单独使用一阶函数所无法实现的。例如，Array.map 将迭代一组值并进行修改。Array.reduce 将一组值"归约"为单个值。基于事件的 setTimeout 是一阶函数，addEventListener 也是如此。

14.2　定义

高阶函数是将函数作为其参数或返回函数（或二者同时存在）的函数。

14.3　抽象

图 14-1 是对高阶函数理解的一种可视化展示。图中对高阶函数理解是较高层面的。

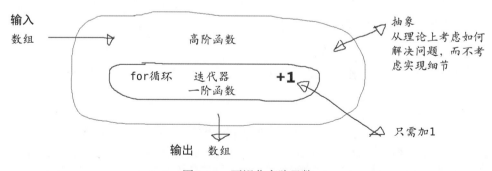

图 14-1　可视化高阶函数

但这仍然不能说明它们的使用方法和实际功能。我们来看几个示例。

14.4   迭代器

Array.map 是最常见的高阶函数之一。它接受一个函数，对数组中的每项进行处理，然后返回原始数组的已修改**副本**，如图 14-2 所示。

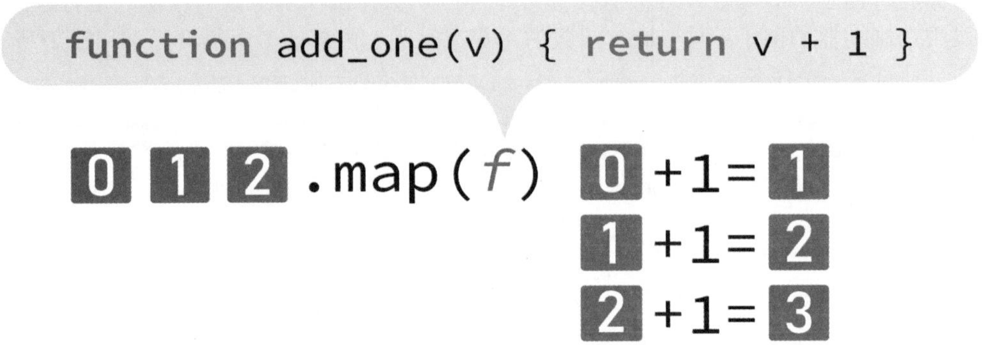

```
function add_one(v) { return v + 1 }
```

0 1 2 .map(*f*)   0 +1= 1
                   1 +1= 2
                   2 +1= 3

图 14-2   高阶函数 map

这里有一种非常抽象的方法来思考该问题："将数组中的每项都加 1"。这就是在 add_one 函数中定义的简单逻辑。

Array.map 方法并不公开其循环的实现，其目的并不是让迭代器更高效（尽管这样做会有帮助），而是将其完全隐藏起来。我们只关注为 map 方法提供一阶函数。在内部，它将对数组中的每个值执行该函数。这是一种非常强大的技术，可以解决许多问题。但使用高阶函数的最大优势是它可以抽象出问题的解决方案。它帮助我们专注于关键点：对数组中的每个单独项执行函数，同时抽象出 for 循环（或 while 循环）。

创建一个函数，用于修改这些值。函数体取决于要对每个数组项执行什么修改。我们将创建一个名为 add_one 的一阶函数，它只会将值加 1，是与高阶函数一起工作的辅助函数（一阶函数和高阶函数通常一起使用），如图 14-3 所示。

```
// 该函数将任意数值加1
function add_one(value) { return value + 1; }
```

图 14-3   一阶函数 add_one

一个函数要符合高阶函数的条件，就需要**将函数作为参数**或**返回函数**。只要满足其中一个条件，我们创建的就是高阶函数。map 函数将处理数组，并返回该数组的副本，而其中的每项都使用我们前面编写的 add_one 函数进行修改，该函数作为**第 2 个参数**进行传递。

我们来编写自己的 map 函数，如图 14-4 所示，其行为类似于 Array.map。

```
// 高阶map函数的源代码
function map(array, f ) {
  let copy = []; // 返回值数组
  for (let index = 0; index < array.length; index++) {
    let original = array[index];
    let modified = f (original); // 返回original + 1
    copy[index] = modified;          一次生成一个索引的返回值
  }
  return copy;
}
```

图 14-4　高阶函数 map 的完整源代码，其中假定数组只包含数值

14.4.1　逐行解析 map 函数

如图 14-5 所示，map 函数有两个参数：值**数组**和要对数组中的每项执行的**函数**。

```
function map(array, f ) {
```

图 14-5　map 的函数参数

首先，创建 copy 数组，并将其赋为空数组 []。该数组用来存储传入的原始数组的**已修改**副本（见图 14-6）。

```
let copy = []; // 返回值数组
```

图 14-6　创建 copy 数组

然后，for 循环对第一个参数中接收到的数组进行迭代，如图 14-7 所示。这是我们要抽象的一部分。使用该函数时，无须考虑该 for 循环。

```
for (let index = 0; index < array.length; index++) {
```

图 14-7　迭代第一个参数中接收到的数组

在循环内部，我们将原始数组当前索引中的值复制到临时变量 original 中（见图 14-8）。

```
let original = array[index];
```

图 14-8　将当前索引中的值复制到临时变量中

现在，将 original 变量中的值传递给一阶函数，该一阶函数是通过参数传给该函数的，如图 14-9 所示。

```
let modified = f (original);
```

图 14-9　将临时变量中的值传递给一阶函数

f 函数将发挥作用（在本示例中，是将原始值加 1，而它可以是任何操作），并返回修改后的值。因此，我们将修改后的值复制到 copy 数组中，这是修改后的整个数组，如图 14-10 所示。

```
copy[index] = modified;
```

图 14-10　将修改后的值复制到 copy 数组中

最后，返回修改后的数组副本，如图 14-11 所示。

```
return copy;
```

图 14-11　返回 copy 数组

在所有项都被复制并由 add_one 函数处理后，它们会被存储到 copy 数组中，该数组将作为函数的返回值返回。

注意： reduce 方法也是高阶函数，它使用累加器。Array.reduce 中的叠累加器的作用与以上示例中的 copy 数组类似。不过，在 reduce 中，累加器并不是数组，而是一个单独的值。它将数组中的所有项累加在一起，并将它们组合成一个单独的返回值。也就是说，在需要合并值时，reduce 是更好的解决方案。

14.4.2　调用自定义的 map 函数

为了理解其工作原理，我们先定义一组要处理的初始值（见图 14-12）。

```
// 原始数组对象
let array = [0,1,2];
```

图 14-12　定义原始数组对象

我们来试试自己的 map 函数，如图 14-13 所示。

```
// 我们试试吧!
array = map(array, add_one); // [1,2,3]
```

图 14-13　执行 map 函数

这里的 add_one 是前面编写的函数。它只是将传递给它的值加 1 并返回。结果如何呢？原始数组 [0,1,2] 现在变为 [1,2,3]，数组中的所有项都增加了 1。

我们刚刚编写了自己的 map 函数，其内部执行的操作与内置方法 Array.map 完全相同。这种操作很常见，它是作为数组对象的本地方法进行添加的。

14.4.3　调用 Array.map

可以使用内置的数组方法 map 来实现完全相同的操作。它执行完全（或相对来说）相同的操作，请看图 14-14。

```
// 使用内置的Array.map方法执行同样的操作
array.map(add_one); // [2,3,4]
```

图 14-14　内置的数组方法 map

这看起来很简单，我们一开始就可以使用该方法。但通过自己编写 map 函数，现在我们能够切实理解其内部工作方式。这有助于理解如 filter、every、reduce 等其他的高阶函数，它们都对项目列表进行迭代。这些函数的内部代码都很相似，只存在一些细微的差别。

14.4.4　for 循环怎么了

如你所见，Array.map 在内部实现了 for 循环。其目的并不是要实现更高效的 for 循环，而是要将它完全隐藏。我们要做的就是为 Array.map 方法提供一个函数。通过隐藏迭代步骤，剩下的工作就是编写实际的函数，分别比较、添加或过滤每个值。这有助于集中精力解决问题，而不必编写和重写大量的代码。同时，这也会让代码看起来更整洁。

14.5　注意事项

初学者往往使用同一种方法来完成相似的工作，而不会考虑使用其他方法，虽然这么做"仍然可行"，但对此不应掉以轻心。

请使用高阶函数来解决它针对的问题。理解 map、filter、reduce 之间的区别非常重要。这不只是由于语法上的差异，还因为这是编写高效的代码和避免反模式的关键。因此，请试着为自己的任务找到合适的方法。

如果使用 reduce 可以更高效地完成相同的操作，那么请不要使用 filter。不同的高阶函数是特别为处理针对其实现的问题而设计的。

第 15 章

箭头函数

15.1　ES6　箭头函数

ES6 引入了箭头函数，这为在 JavaScript 中创建**函数表达式**提供了一种简洁的语法。箭头函数并不使用 function 关键字进行定义，而是使用如代码清单 15-1 所示的语法。

代码清单 15-1　箭头函数的语法

```
001 // 箭头函数的语法
002 () => {};
```

箭头函数的许多动作与标准函数相同，它可以被赋给变量（见代码清单 15-2）。

代码清单 15-2　将箭头函数赋给变量

```
001 // 创建一个箭头函数，并将其赋给变量
002 let fun_1 = () => {};
```

箭头函数可以通过变量名进行调用，如代码清单 15-3 所示。

代码清单 15-3　通过变量名来调用箭头函数

```
001 // 通过变量名来调用箭头函数
002 fun_1();
```

return 关键字可以使箭头函数返回值（见代码清单 15-4）。

代码清单 15-4　从箭头函数返回值

```
001 // 从箭头函数返回值
002 let fun_2 = () => { return 1; }
```

现在，我们可以通过名称来调用函数 fun_2，如代码清单 15-5 所示。

代码清单 15-5　调用有返回值的箭头函数

```
001 fun_2(); // 1
```

该函数返回 1，与预期相同。

15.1.1　无 return 的返回

箭头函数新增了一项特性，不使用 return 关键字就可以使其返回值。尽管代码清单 15-6 的示例中移除了 {} 和 return 关键字，但 1 仍然被视为有效的返回值。这使得代码比使用冗余的 ES5 函数语法时更整洁，如代码清单 15-6 所示。

代码清单 15-6　不使用 return 关键字来返回值

```
001 // 从箭头函数返回值，而不使用return关键字
002 let fun_3 = () => 1;
```

现在，可以像往常一样，轻松地调用该函数，如代码清单 15-7 所示。

代码清单 15-7　调用 fun_3 函数

```
001 fun_3(); // 1
```

请记住，在 JavaScript 中，函数是表达式，它们返回单个值。其形式类似于数学公式返回一个值。箭头函数通过提供更简洁的语法（去掉括号，以及无须显式指定 return 关键字）帮助我们拓展思路，如代码清单 15-8 所示。

代码清单 15-8　箭头函数更简洁

```
001 let expression = e => e;
```

箭头函数让函数看起来很像数学方程式（或数学函数）。这就是箭头函数经常用于函数式编程的原因，如代码清单 15-9 所示。

代码清单 15-9　调用 expression 函数

```
001 expression(1); // 1
```

如果拥有数学背景，那么你会对使用箭头函数很熟悉！

15.1.2　作为事件的箭头函数

有些人认为使用箭头函数是一种巧妙的事件解决方案，如图 15-1 所示。

```
let clicked = (event) => { console.log(event.target) }
```

图 15-1   作为事件的箭头函数

语法更加简洁的版本如图 15-2 所示。

```
let clicked = event => console.log(event.target);
```

图 15-2   更简洁的语法

15.2   箭头函数的结构

箭头函数没有类数组的 arguments 对象，也不能用作构造函数。this 关键字指向箭头函数外部作用域中的相同值。

箭头函数是**表达式**，它们并不像常规函数那样使用 function 关键字进行定义，也没有命名语法。但它们可以像常规函数一样，被赋予变量名（见代码清单 15-10 和图 15-3）。

代码清单 15-10   将箭头函数赋给变量

```
001 // 创建一个箭头函数并将它赋给变量
002 let fun_1 = () => {};
```

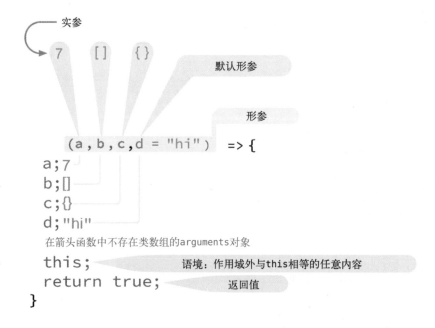

图 15-3   箭头函数的结构

15.2.1 实参

如代码清单 15-11 所示，可以通过形参给箭头函数传递实参。

代码清单 15-11 带实参的箭头函数

```
001 // 带实参的箭头函数语法
002 (arg1, arg2) => { console.log(arg1, arg2); };
```

```
001 // 输出实参的箭头函数
002 let x = (arg1, arg2) => { console.log(arg1, arg2); };
003
004 x(1, 2); // 输出：1,2
```

15.2.2 从箭头函数返回

箭头函数主要设计为表达式，因此，你可能需要花费一些时间，来学习它们如何返回值，如代码清单 15-12 所示。

代码清单 15-12 箭头函数返回值

```
001 let boomerang = a => "returns";
002 let karma = a => { return "returns"; }
003 let prayer = a => { return random() >= 0.5 }
004 let time = a => { "won't return"; }
005
006 boomerang(1);      // "returns"
007 karma(1);          // "returns"
008 time(1);           // [undefined]
009
010 // 使用高阶函数时要注意
011 let a = [1];
012 a.map(boomerang); // "returns"
013 a.map(karma);      // "returns"
014 a.map(time);       // [undefined]
015
016 console.log(x);
017 console.log(y);
018 console.log(z);
019
020 // 有时为true
021 prayer("Make me understand JavaScript.");
```

提要：箭头函数 time 是唯一不会返回值的函数。请注意不要将该语法与高阶函数一起使用。

15.3   ES 风格函数的相似性

箭头函数和传统函数之间存在一些相似性。在大多数情况下，可以顺利地使用箭头函数来代替标准的 ES5 函数。

通过代码清单 15-13 的示例，我们来讨论一下箭头函数。这里首先定义了两个传统的 ES5 函数 classic_one 和 classic_two，然后定义了一个 ES6 风格的箭头函数 arrow。

代码清单 15-13   ES5 函数和箭头函数的示例

```
001 | function classic_one() {
002 |     console.log("classic function one.");
003 |     console.log(this);
004 | }
005 |
006 | var classic_two = function() {
007 |     console.log("classic function two.");
008 |     console.log(this);
009 | }
010 |
011 | let arrow = () => {
012 |     console.log("arrow function.");
013 |     console.log(this);
014 | }
```

每个函数的作用域都添加了 console.log(this); 语句，用于查看结果。连续调用这 3 个函数，如代码清单 15-14 所示。

代码清单 15-14   调用 ES5 函数和箭头函数

```
001 | // 调用第1个函数
002 | classic_one();
003 |
004 | // 调用第2个函数
005 | classic_two();
006 |
007 | // 调用第3个函数
008 | arrow();
```

控制台输出如图 15-4 所示。

```
classic function one.
  ▶ [Window]
classic function two.
  ▶ [Window]
arrow function.
  ▶ [Window]
＞ |
```

图 15-4　控制台输出

当定义在全局作用域中时，对于 this 绑定来说，传统函数和箭头函数之间似乎没有什么区别。

15.3.1　无 this 绑定

箭头函数并不绑定 this 关键字，它从外部作用域中查找 this 的值，这与其他的变量一样。因此，可以说箭头函数拥有"透明"的作用域。

15.3.2　无 arguments 对象

在箭头函数的作用域中并不存在 arguments 对象，如果试图访问该对象，将会发生引用错误，如代码清单 15-15 所示。

代码清单 15-15　在箭头函数中无 arguments 对象

```
001 let a = () => {
002     console.log( arguments ); // arguments未定义
003 }
```

提醒一下，在传统的 ES5 函数中确实存在 arguments 对象（见代码清单 15-16）。

代码清单 15-16　在 ES5 函数中存在 arguments 对象

```
001 function f() {
002     console.log( arguments ); //  arguments对象
003 }
```

15.3.3　无构造函数

ES5 风格的函数就是对象的构造函数。可以创建和调用函数，还可以使用对象的构造函数来（与 new 运算符一起）实例化对象。这样一来，函数本身就变为了类定义。因此，经常有人这样讲："JavaScript 中的所有函数都是对象。"在 ES6 规范将箭头函数引入 JavaScript 之后，这种说法不再正确，因为箭头函数**不可以**用作对象的构造函数。因此，箭头函数不能用来实例化对象。它们最适合在 `Array.filter`、`Array.map`、`Array.reduce` 等方法中，用作事件回调函数或函数表达式。换句话说，箭头函数更适用于函数式编程。

幸运的是，现代 JavaScript 很少编写 ES5 风格的函数作为对象的构造函数。无论如何，你最好开始使用 `class` 关键字来定义类，而不是使用构造函数。

15.3.4　传统函数和箭头函数用作事件回调函数

当传统的 ES5 函数和箭头函数用作事件回调函数时，它们之间存在差异。以下是箭头函数的示例。在单击文档时，该函数会输出字符串和 `this` 属性，如代码清单 15-17 所示。

代码清单 15-17　箭头函数用作事件回调函数

```
001  // 创建一个箭头函数，输出一些信息
002  let arrow = (event) => {
003      console.log("Hello. I am an arrow function.");
004      console.log(this);
005  }
006
007  // 将箭头函数附加到文档的事件监听器
008  document.addEventListener("click", arrow);
```

代码清单 15-18 展示了使用传统的 ES5 函数语法实现的相同事件。

代码清单 15-18　ES5 函数用作事件回调函数

```
001  function classic(event) {
002      console.log("Hello. I am a classic ES5 function.");
003      console.log(this);
004  }
005
006  // 将ES5函数附加到文档的事件监听器
007  document.addEventListener("click", classic);
```

它们之间有什么差异呢？在这两种情况下单击文档之后，控制台输出如图 15-5 所示。

```
"Hello. I am an arrow function."
[object Window]

"Hello. I am a classic ES5 function."
[object HTMLDocument]
```

图 15-5　控制台输出

在箭头函数的作用域中，`this` 属性指向 Window 对象。而在传统的 ES5 函数中，`this` 属性指向单击的**目标元素**。在这里，箭头函数使用了 Window 的语境，而不提供单击元素的对象。

15.3.5　继承的 this 语境

箭头函数最开始如何继承 Window 的语境呢？是因为它定义在全局作用域中么（与 Window 类型的对象一样）？

这并不完全准确。

箭头函数根据其**使用**位置而非定义位置继承词法作用域。在这里，箭头函数在全局作用域的语境（Window 对象）中定义和调用。为了充分理解该内容，请看示例。将箭头函数 B 附加到单击事件。这次我们将在另一个 Classic 类（而不是上一个示例中的 Window）中执行 addEventListener 函数。请记住，当使用 new 运算符时，像执行对象的构造函数那样来执行该函数。这意味着该函数内部的每条语句都将在实例化对象 object 的语境中执行，而不是在 Window 的语境中执行（见代码清单 15-19）。

代码清单 15-19　箭头函数在实例化对象的语境中执行

```
001  // 使用ES5的构造函数来定义新类Classic
002  function Classic() {
003      let B = () => {
004          console.log("Hello. I am arrow function B()");
005          console.log(this);
006      }
007      document.addEventListener("click", B);
008  }
009
010  let object = new Classic(); // 实例化对象
```

如果使用 new 运算符实例化对象，将会创建一个新的语境。从该对象调用的任何内容都拥有自己的语境。

运行代码并单击文档，控制台输出如图 15-6 所示。

```
"Hello. I am arrow function B()."
[object Classic]
```

图 15-6　控制台输出

[] 中的对象实例是 Classic 类型。事件附加在 Classic 构造函数的语境中，而不是像前面的示例那样附加在全局作用域的 Window 对象的语境中。

该事件实际上通过 this 属性，将"执行它的语境"带到自己的作用域中。这种类型的语境链在 JavaScript 编程中很常见。随后，在深入探讨原型继承时，本书还会介绍该内容。现在，执行语境的概念开始变得更加清晰。

第 16 章

动态创建 HTML 元素

JavaScript 为当前存在于 *.html 文档中的每个 HTML 标签创建唯一的对象。一旦页面加载到浏览器中，它们就会**自动**包含到应用程序的**文档对象模型**（document object model，DOM）中。如果要在不编辑 HTML 文件的情况下添加新的元素，那该怎么办呢？

创建一个元素，并将其添加到现有元素中，就可以动态地将其插入到 DOM 中，并立即显示到屏幕上，就好像它是直接在 HTML 的源代码中键入的一样。不过，该元素并不是使用 HTML 标签语法直接键入到 HTML 文档中的，而是由应用程序动态创建。

document 对象本就提供 createElement 方法。该方法可以用于创建新的元素，如代码清单 16-1 所示。

代码清单 16-1 动态创建 HTML 元素

```
001 // 动态创建一个HTML元素
002 let E = document.createElement("div");      // 创建<div>
```

```
001 // 动态创建一些元素
002 let E1 = document.createElement("div");      // <div>
003 let E2 = document.createElement("span");     // <span>
004 let E3 = document.createElement("p");        // <p>
005 let E4 = document.createElement("img");      // <img>
006 let E5 = document.createElement("input");    // <input>
```

这时，创建的元素还未附加到 DOM 中。

当动态添加新 HTML 元素时，通常都是将其插入到 DOM 现有的一个元素中。在此之前，先对新建的元素设置一些 CSS 样式。

16.1 设置 CSS 样式

到目前为止，我们创建的空元素没有尺寸、背景颜色或边框。这时候，该元素的所有 CSS 属性都为默认值。可以通过 style 属性为标准的 CSS 属性赋值。请看代码清单 16-2。

代码清单 16-2　设置 CSS 样式

```
001  // 动态创建<div>元素
002  let div = document.createElement("div");
003
004  // 设置元素的ID
005  div.setAttribute("id", "element");
006
007  // 设置元素的class属性
008  div.setAttribute("class", "box");
009
010  // 通过style属性设置元素的CSS样式
011  div.style.position    = "absolute";
012  div.style.display     = "block";
013  div.style.width       = "100px";// 需要有px
014  div.style.height      = "100px";// 需要有px
015  div.style.top         = 0;        // px不是必须为0
016  div.style.left        = 0;        // px不是必须为0
017  div.style.zIndex      = 1000;     // z-index属性zIndex
018  div.style.borderStyle = "solid";// border-style属性borderStyle
019  div.style.borderColor = "gray"; // border-color属性borderColor
020  div.style.borderWidth = "1px";  // border-width属性borderWidth
021  div.style.backgroundColor = "white";
022  div.style.color       = "black";
```

在 CSS 中，中划线（-）是合法的属性名字符。而在 JavaScript 中，它总是被解释为负号。如果 JavaScript 标识符的名称中存在该字符，就会发生错误。因此，单个词的 CSS 属性名可以保持不变，如 style.position 和 style.display；而由多个词组成的属性名则需要变为驼峰式，即第 2 个单词的首字母大写，例如，z-index 变为 zIndex，border-style 变为 borderStyle。

16.2　使用 appendChild 方法向 DOM 中添加元素

element.appendChild(object) 方法可以将一个元素插入到 DOM 中。其中，element 可以是 DOM 中现有的任何元素。所有的 DOM 元素对象都拥有该方法，包括 document.body。

16.2.1　document.body

如代码清单 16-3 所示，使用 appendChild 方法将元素插入到 <body> 标签中。

代码清单 16-3　向 DOM 中添加元素

```
001  // 通过将元素插入到<body>标签，向DOM中添加元素
002  document.body.appendChild( div );
```

虽然 <body> 标签很常见，但它并不是唯一可以添加新元素的位置。

16.2.2 `getElementById`

如代码清单 16-4 所示，通过 id，将一个元素插入到另一个元素中。

代码清单 16-4   将一个元素插入到另一个元素中

```
001  // 将元素插入另一个id为"id-1"的元素中
002  document.getElementById("id-1").appendChild( div );
```

16.2.3 `querySelector`

如代码清单 16-5 所示，可以将元素插入到使用有效的 CSS 选择器选择的任何元素中。

代码清单 16-5   将元素插入到选择的父元素中

```
001  // 将元素插入到选择的父元素中
002  let selector = "#parent .inner .target";
003  document.querySelector( selector ).appendChild( div );
```

16.3   编写函数来创建元素

自己编写函数不仅很有意思，而且有时也是必要的。在本节中，我们将自己编写函数，让动态创建 HTML 元素更加简单。在编写函数体之前，先来仔细看一下其参数。

16.3.1   函数参数

要适应大多数的情况，无须涵盖所有的 CSS 属性，而仅须涵盖那些对元素外观影响最大的属性（见代码清单 16-6）。

代码清单 16-6   主要的 CSS 属性

```
001  let element = (id,       // id属性
002                 type,     //"static""relative"或"absolute"
003                 l,        // left        (可选)
004                 t,        // top         (可选)
005                 w,        // width       (可选)
006                 h,        // height      (可选)
007                 z,        // z-index     (可选)
008                 r,        // right       (可选)
009                 b) => {// bottom        (可选)
010         /* 函数体 */
011  }
```

大部分参数是可选的。如果跳过参数，那么它们要么使用默认值（在函数体中使用 const 关键字定义），要么不赋值（例如传入 null）。

　　参数列表最后的 r 和 b（right 属性和 bottom 属性）将覆盖父元素左上角的标准位置。通过使用该函数，可以用一行代码来创建基本的 HTML 元素，如代码清单 16-7 所示。

代码清单 16-7　创建 HTML 元素

```
001  // 静态定位，位于0 × 0，尺寸为100px × 25px，z-index属性值为"unset"
002  let A = element("id-1", "static", 0, 0, 100, 25, "unset");
003
004  // 相对定位，位于0 × 0，尺寸为50px × 25px，z-index属性值为1
005  let B = element("id-2", "relative", 0, 0, 50, 25, 1);
006
007  // 绝对定位，位于10px × 10px，尺寸为50px × 25px，z-index属性值为20
008  let C = element("id-3", "absolute", 10, 10, 50, 25, 20);
```

16.3.2　函数体

　　来看一下元素创建函数的函数体，如代码清单 16-8 所示。

代码清单 16-8　将该函数放入单独的文件 common-styles.js

```
001  // 创建通用的HTML元素
002  export let element = (id, type, l, t, w, h, z, r, b) => {
003
004      // 默认值——用来代替缺失的参数
005      const POSITION = 0;
006      const SIZE = 10;
007      const Z = 1;
008
009      // 动态创建<div>元素
010      let div = document.createElement("div");
011
012      // 设置元素的ID
013      div.setAttribute("id", id);
014
015      // 设置绝对定位
016      div.style.position = type;
017      div.style.display = "block";
018
019      if (right) // 如果提供了right属性，则重新定位元素
020          div.style.right = r ? r : POSITION + "px";
021      else
022          div.style.left = l ? l : POSITION + "px";
023
024      if (bottom) // 如果提供了bottom属性，则重新定位元素
025          div.style.bottom = b ? b : POSITION + "px";
026      else
027          div.style.left = t ? t   : POSITION + "px";
028
```

```
029    // 使用提供的w、h和z
030    div.style.width  = w ? w : SIZE + "px";
031    div.style.height = h ? h : SIZE + "px";
032    div.style.zIndex = z ? z : Z;
033
034    // 返回创建的元素
035    return div;
036  };
```

创建 UI 元素通常需要精确到像素级别。该函数将创建一个 position:absolute 的元素（除非指定其他属性值），其宽度和高度在默认情况下都是 10px，但是也可以通过参数 w 和 h 传入其他值。

顺便提一下，HTML 元素设置为基于附着点的绝对定位（见图 16-1）。

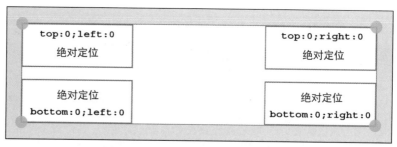

图 16-1　基于附着点的绝对定位

请注意，元素可以附加到父元素中的逻辑坐标位置。例如，top:0;right:0 将元素附加到父元素的右上角。

当坐标为负值时，元素的位置将移动，如图 16-2 所示。

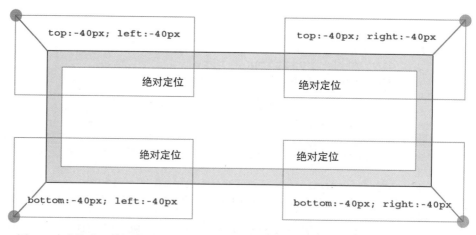

图 16-2　这取决于使用 left、top、right 和 bottom 的组合将元素附加到的角点

16.3.3　导入并使用 absolute 函数

我们将前面创建的函数导入工程中。若要导入模块，<script> 标签中的 type 属性必须设置为 "module"，如代码清单 16-9 所示。

代码清单 16-9　导入 absolute 函数来创建 HTML 元素

```
001  <script type = "module">
002
003      // 导入absolute函数
004      import { absolute } from "./common-styles.js";
005
006      // 创建一个位于顶部/左侧的新元素
007      let A = absolute("id-1", 0, 0, 100, 50, 1);
008
009      // 创建一个位于右侧/底部的新元素
010      let B = absolute("id-2", null, null, 25, 25, 1, 10, 5);
011
012      // 将B嵌套到A中
013      B.addElement(A);
014
015      // 将A（及其中嵌套的元素B）添加到<body>
016      document.body.addElement(A);
017
018  </script>
```

现在，只需要一行代码就可以创建一个 HTML 元素。在该示例中，我们创建了两个元素 A 和 B，然后将元素 B 嵌套到元素 A 中，并将元素 A 附加到主体容器。该段代码的结果如图 16-3 所示。

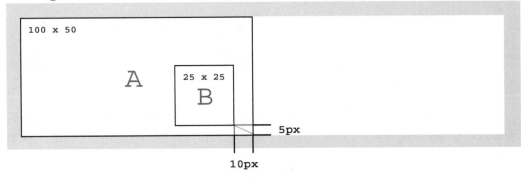

图 16-3　创建的元素

16.4 使用构造函数来创建对象

我们来创建一个名为 Season 的函数，如代码清单 16-10 所示。

代码清单 16-10 创建 Season 函数

```
001  function Season(name) {
002      this.name = name;
003      this.getName = function() {
004          return this.name;
005      }
006  }
```

实例化 4 个季节，如代码清单 16-11 所示。

代码清单 16-11 实例化 4 个季节

```
001  let winter = new Season("Winter");
002  let spring = new Season("Spring");
003  let summer = new Season("Summer");
004  let autumn = new Season("Autumn");
```

如图 16-4 所示，我们创建了 4 个相同类型的实例。

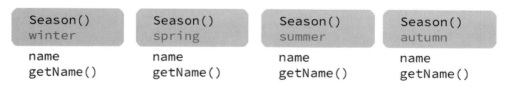

图 16-4 创建的 4 个实例

因为函数 getName 在内存中复制了 4 次，而其主体包含的代码完全相同，所以这里产生了一个问题。JavaScript 程序经常会创建对象和数组。想象一下，如果实例化 1 万甚至 10 万个特定类型的对象，而每个对象都存储同一个方法的副本，那么这是相当浪费的。我们可以使用一个 getName 函数吗？

答案是肯定的。例如你之前使用的 Array.toString 或 Number.toString，它们的原生函数 toString 虽然只位于内存的某一个位置，但是它可以在所有的内置对象上调用！JavaScript 是如何做到这一点的呢？

第 17 章

原　型

17

17.1　原型

　　在定义函数时，会执行两个动作：一个动作是创建函数对象，这是因为函数是对象；另一个动作是创建一个完全独立的原型对象。定义的函数的原型属性将指向该原型对象。

　　代码清单 17-1 定义了一个新函数 Human。

代码清单 17-1　定义 Human 函数

```
001 function Human(name) { }
```

可以同时检查是否创建了原型对象，如代码清单 17-2 所示。

代码清单 17-2　检查是否创建了原型对象

```
001 typeof Human.prototype; // "object"
```

　　Human.prototype 将指向原型对象。该对象拥有另一个名为 constructor 的属性，该属性指回 Human 函数，如图 17-1 所示。

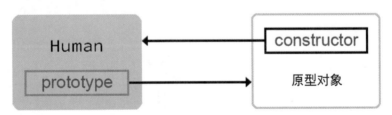

图 17-1　prototype 和 constructor

　　Human 是一个构造函数，用于创建 Human 类型的对象。它的原型属性指向内存中的单独实体——**原型对象**。每个唯一的对象类型（类）都有一个单独的原型对象。有人会说 JavaScript 中没有类。但从技术上来讲，Human 是唯一的对象类型，它本质上就是一个类。如果拥有 C++ 背景，你可以将 Human 称为类。类是对象的抽象表示，这决定了其类型。

请注意，原型属性不可以用于对象的实例，只可以用于构造函数。在实例上，你可以通过 __proto__ 来访问原型，最好是使用静态方法 Object.getPrototypeOf(instance)，这会返回与 __proto__ 相同的原型对象（实际上 __proto__() 是 getter）。

17.1.1 对象字面量的原型

我们创建一个对象字面量，来描述一个简单的示例，如代码清单 17-3 所示。

代码清单 17-3 创建 literal 对象字面量

```
001 let literal = {
002     prop: 123,
003     meth: function() {}
004 };
```

在内部，尽管它并不是使用 new 运算符创建的，但是它作为 Object 类型的对象连接到原型中，如代码清单 17-4 所示。

代码清单 17-4 literal 的原型

```
001 literal.__proto__;                 // Object {}
002 literal.__proto__.constructor;     // f Object { [本地代码] }
003 literal.constructor;               // f Object { [本地代码] }
```

如图 17-2 所示，当创建 literal 时，literal.__proto__ 就会连接到 Object.prototype。

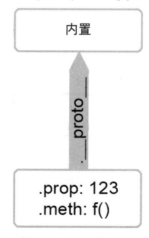

图 17-2 对象字面量 __proto__ 指向 Object.prototype

JavaScript 内部已经创建了 `Object.prototype`。每当定义新对象时，都会创建一个二级对象，作为其原型。

17.1.2　原型链接

如代码清单 17-5 所示，当使用 new 关键字实例化对象时，构造函数就会执行，创建该对象的实例。

代码清单 17-5　使用 new 实例化对象

```
001  let instance = new Object();
002  instance.prop = 123;
003  instance.meth = function(){}
```

在该示例中，执行 `Object` 的构造函数，会得到一个构造好的链接，如图 17-3 所示。

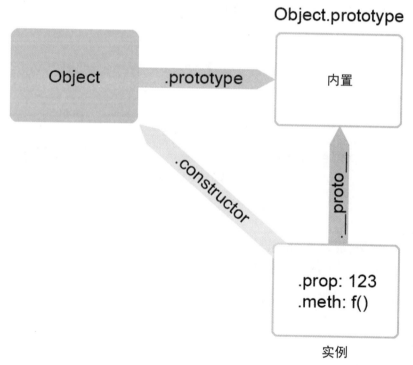

图 17-3　原型链接

`prototype` 属性执行单独的对象——内置的原型对象，在该示例中即 `Object.prototype`。它类似于前面示例中的 `Human.prototype`，我们并不控制对象的创建方式，因为 `Object` 是预先存在的内置类型。

Object 类型的对象实例拥有 __proto__ 属性，后者指向构造函数的原型对象。Object、创建的二级原型对象和 __proto__ 指向 Object 的原型对象的实例，这三者之间的这种三向关系是一种特殊的结构。该模式仅表示对象原型链中的一个链接。

17.1.3　原型链

如图 17-4 所示，可以说 Array 是 Object 类型的子对象。

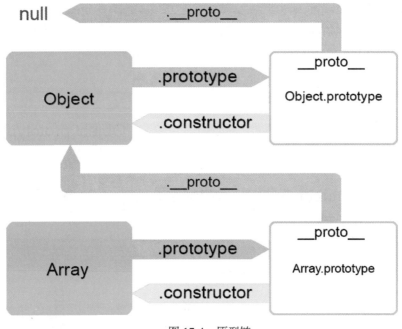

图 17-4　原型链

Object.prototype 就是 Object，但这并不是因为 Object 继承自 Object，而仅仅是因为原型本身就是对象，它们是同时存在的。

可以认为 Object 的原型是 null，因为它是原型链上的顶层对象。换句话说，Object 没有抽象原型。与其他类型一样，Object 也有一个"幽灵"原型对象。

17.1.4　查找方法

请看图 17-5。

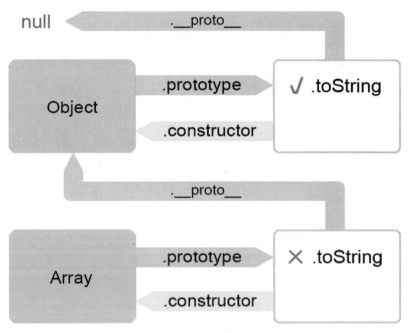

图 17-5　方法的查找路径

当调用 Array.toString 时，实际的动作是：JavaScript 先在 Array 对象的原型上查找 toString 方法，但并未找到该方法；接下来，JavaScript 决定在 Array 的父类 Object 的原型属性上查找 toString 方法，最终它找到 Object.prototype.toString，并执行后者。

17.1.5　数组方法

17.1.3 节介绍了原型链，以及如何通过遍历原型链来找到 toString 方法。toString 对所有源于 Object 类型（这是最基础的内置类型）的对象都是可用的。Number、String 和布尔等内置类型也是如此。你可以对它们调用 toString 方法，但该方法仅存在于 Object.prototype 属性的内存位置。Array 类型的本地方法应该存在于 Array.prototype 对象中。

很明显，像 map、filter 和 reduce 这样的高阶函数用于 Number 或布尔类型，并没有多大用处。实际上，每个数组方法都存在于 Array.prototype 中（见图 17-6）。如果要特别扩展数组方法的功能，则需要将方法附加到 Array.prototype.my_method。

```
▼[constructor: f, concat: f, copyWithin: f, fill: f, find: f, …]  ℹ
  ▶ concat: f concat()
  ▶ constructor: f Array()
  ▶ copyWithin: f copyWithin()
  ▶ entries: f entries()
  ▶ every: f every()
  ▶ fill: f fill()
  ▶ filter: f filter()
  ▶ find: f find()
  ▶ findIndex: f findIndex()
  ▶ flat: f flat()
  ▶ flatMap: f flatMap()
  ▶ forEach: f forEach()
  ▶ includes: f includes()
  ▶ indexOf: f indexOf()
  ▶ join: f join()
  ▶ keys: f keys()
  ▶ lastIndexOf: f lastIndexOf()
    length: 0
  ▶ map: f map()
  ▶ pop: f pop()
  ▶ push: f push()
  ▶ reduce: f reduce()
```

图 17-6 Array.prototype 对象中的 filter、map 和 reduce

17.2 父对象

Array、Number 等是如何知道 Object 是其父对象的呢？这正是原型继承的目的：在子对象和父对象之间创建链接。这通常被称为原型链。

另外，可以说原型结构类似于 C++ 中"传统"（或"经典"）的类继承，这是为数不多的真正面向对象的编程语言之一（它实际上支持所有特性，这使得语言看起来是面向对象的）。

17.2.1 扩展自己的对象

Array 和 Number 的父对象是 Object。这很好，但如果要从另一个对象来扩展自己的对象，那会怎么样呢？正如我们在前面的示例图中看到的，getter 方法 __proto__ 是内部原型实现的一部分。这是建立链接的关键，而我们不应该直接触碰它。

　　JavaScript 是一门动态类型语言，因此，你可以试着创建一些对象构造函数，并将它们的原型对象上的 __proto__ 属性重新连接到父对象。但是，这通常被认为是取巧的做法。在实际编码时，无须这样做。实际上，没有也不可能有软件可以修改原型的内部功能。ES6 之后的版本鼓励大家使用关键字 class 和 extends 来创建和扩展类，这使得 JavaScript 关注原型链接。

17.2.2　constructor 属性

　　如图 17-7 所示，Object 类的 constructor 属性指向 Function。

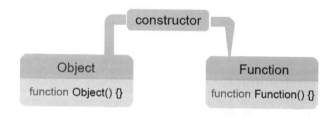

图 17-7　Object 类的 constructor 属性

如图 17-8 所示，Function 类的 constructor 属性指向 Function。

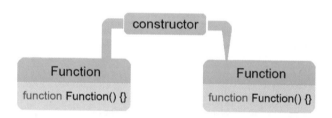

图 17-8　Function 类的 constructor 属性

围绕 Function 类创建循环依赖，如图 17-9 所示。

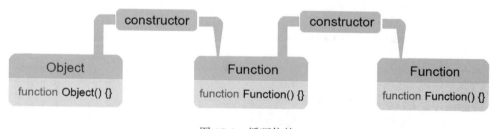

图 17-9　循环依赖

　　Function.constructor 是 Function（循环），而 Object.constructor 也是 Function。这表示 Function 类是使用函数构造的，而 Function 本身就是类。这就是循环依赖关系。

17.2.3 Function

Function 是所有对象类型的构造函数，如图 17-10 所示。

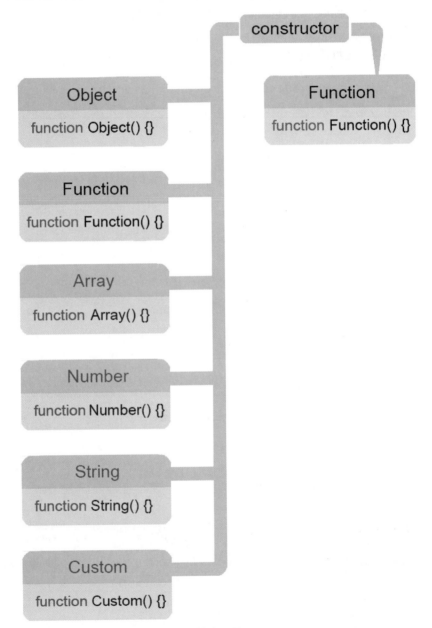

图 17-10   构造函数 Function

17.3 原型实践

理解原型的工作方式是一个循序渐进的过程。考虑到 JavaScript 语言多年来的发展，这可能是一项艰巨的任务。为了更好地理解它的工作方式，我们从头开始介绍。

17.1 节介绍了原型的理论。本节将介绍实际编写代码时，如何从全局来实现原型。本节是一个完整的练习，演示了使用对象的不同方法。我们将从对象字面量开始学习。

17.3.1 对象字面量

本示例使用简单的**对象字面量**语法来定义 cat 对象。JavaScript 内部以某种方式将所有的原型链接连接起来。在接下来的几节中，我们将在此基础上逐步更新该示例，最终了解原型对 JavaScript 程序员有何帮助。请看代码清单 17-6。

代码清单 17-6　遇见猫 Felix，使用对象字面量来表示它

```
001 let cat = {};
002
003 cat.name = "Felix";
004 cat.hunger = 0;
005 cat.energy = 1;
006 cat.state = "idle";
```

我们给猫取名为 Felix，并使它具有 0 级的饥饿感和 1 单位的能量。目前 Felix 处于空闲状态，并且就在我们想要它待的地方！请看代码清单 17-7。

代码清单 17-7　设置 Felix 的属性

```
001 // 通过睡眠来恢复能量
002 cat.sleep = function(amount) {
003   this.state = "sleeping";
004   console.log(`{$this.name} is ${this.state}.`);
005   this.energy += 1;
006   this.hunger += 1;
007 }
008
009 // 睡醒
010 cat.wakeup = function() {
011   this.state = "idle";
012   console.log(`{$this.name} woke up.`);
013 }
014
015 // 吃到不饿为止
```

```
016  cat.eat = function(amount) {
017    this.state = "eating";
018    console.log(`${this.name} is ${this.state}
019                ${amount} unit(s) of food.`);
020    if (this.hunger -= amount <= 0)
021      this.energy += amount;
022    else
023      this.wakeup();
024  }
025
026  // 游荡会消耗能量
027  // 如有必要，会睡5小时，来恢复能量
028  cat.wander = function() {
029    this.state = "wandering";
030    console.log(`{$this.name} is ${this.state}.`);
031    if (--this.energy < 1)
032      this.sleep(5);
033  }
```

sleep、wakeup、eat 和 wander 等方法直接添加到了 cat 对象的实例中。每个方法都有基本的实现，可以恢复或消耗猫的能量，如代码清单 17-8 所示。

代码清单 17-8　调用 sleep 方法，来恢复猫的能量

```
035  cat.sleep(); // "Felix is sleeping."
```

17.3.2　使用 Function 构造函数

即使睡了一觉，Felix 仍然有些忧郁。它需要一个朋友。

如代码清单 17-9 所示，可以将相同的代码放到一个名为 Cat 的函数中，而不是创建一个新的对象字面量。

代码清单 17-9　定义公用的 Cat 函数

```
001  function Cat(name, hunger, energy, state) {
002
003    let cat = {};
004
005    cat.name = name;
006    cat.hunger = hunger;
007    cat.energy = energy;
008    cat.state = state;
009
```

```
010  cat.sleep = function(amount) { /* 实现 */ }
011  cat.wakeup = function(amount) { /* 实现 */ }
012  cat.eat = function(amount) { /* 实现 */ }
013  cat.wander = function(amount) { /* 实现 */ }
014
015    return cat;
016 }
```

请注意，此处将上一节中编写的代码原封不动地移到一个函数中，并使用 return 关键字返回对象。方法的实现也保持不变。这里使用注释 /* 实现 */ 来避免重复编写相同的代码。如代码清单 17-10 所示，现在我们精简代码，创建了两只猫：Felix 和 Luna。

代码清单 17-10　创建两只猫

```
018  let felix = Cat("Felix", 10, 5, "idle");
019  felix.sleep();  // "Felix is sleeping."
020  felix.eat(5);   // "Felix is eating 5 unit(s) of food."
021  felix.wander(); // "Felix is wandering."
022
023  let luna = Cat("Luna", 8, 3, "idle");
024  luna.sleep();   // "Luna is sleeping."
025  luna.wander();  // "Luna is wandering."
026  luna.eat(1);    // "Luna is eating 1 unit(s) of food."
```

17.3.3　原型

从前面的示例中，我们发现一个问题。felix 和 luna 的所有方法占用的内存空间是之前的两倍。这是因为我们为每只猫创建了两个对象字面量。这就是原型要解决的问题。为什么不把所有的方法都放在内存中的一个位置呢？请看代码清单 17-11。

代码清单 17-11　将所有的方法放在内存中的一个位置

```
001  const prototype = {
002    sleep(amount) { /* 实现 */ },
003    wakeup(amount) { /* 实现 */ },
004    eat(amount) { /* 实现 */ },
005    wander(amount) { /* 实现 */ }
006  }
```

现在，我们包装好的所有方法都共享内存中的一个位置。

我们再回到 Cat 类的实现。如代码清单 17-12 所示，将 prototype 对象中的方法直接连接到对象中的每个方法。

代码清单 17-12　连接 prototype 和 Cat 的每个方法

```
001 function Cat(name, hunger, energy, state) {
002
003     let cat = {};
004
005     cat.name = name;
006     cat.hunger = hunger;
007     cat.energy = energy;
008     cat.state = state;
009
010     cat.sleep = prototype.sleep;
011     cat.wakeup = prototype.wakeup;
012     cat.eat = prototype.eatsleep;
013     cat.wander = prototype.wander;
014
015     return cat;
016 }
```

在了解 JavaScript 如何做到这一点之前，我们先来了解一些其他内容。

17.3.4　使用 Object.create 来创建对象

在 JavaScript 中，我们还可以使用 Object.create 方法来创建对象，该方法将一个现有对象作为其参数（见代码清单 17-13）。

代码清单 17-13　使用 create 方法创建对象

```
001 const cat = {
002     name: "Felix",
003     state: "idle",
004     hunger: 1
005 }
006
007 const kitten = Object.create(cat);
008 kitten.name = "Luna";
009 kitten.state = "sleeping";
```

现在来看一下 kitten，如代码清单 17-14 所示。

代码清单 17-14　输出 kitten

```
001 console.log(kitten);
```

奇怪的是，kitten 对象只有两个方法，缺少了 hunger 属性，如图 17-11 所示。

```
▶ {name: "Luna", state: "sleeping"}
>|
```

图 17-11   kitten 缺少 hunger 属性

为了解释其原因，我们试着输出该属性，并观察会发生什么情况，如代码清单 17-15 所示。

代码清单 17-15   输出 hunger 属性

```
001 | console.log(kitten.hunger);
```

控制台输出如图 17-12 所示。

```
1
>|
```

图 17-12   控制台输出

从控制台输出可知，hunger 属性确实存在。这是怎么回事呢？

这是使用 Object.create 方法创建的对象特有的动作。当我们试着获取 kitten.hunger 时，JavaScript 将查看 kitten.hunger，但找不到它（因为它并不是直接在 kitten 对象的实例上创建的）。

然后，JavaScript 会查看 cat 对象中的 hunger 属性。因为 kitten 是使用 Object.create(cat) 创建的，所以 kitten 认为 cat 是它的父对象，因此它会查看 cat 对象。

最后，kitten 在 cat.hunger 中找到 hunger 属性，在控制台上输出 1。同样，hunger 属性在内存中仅存储一次。

17.3.5   示例继续

我们再回到之前的示例，现在我们已经具备了 Object.create 的知识，可以改写 Cat 函数了，如代码清单 17-16 所示。

代码清单 17-16   改写 Cat 函数

```
001 | const prototype = {
002 |   sleep(amount) { /* 实现 */ },
003 |   wakeup(amount) { /* 实现 */ },
004 |   eat(amount) { /* 实现 */ },
005 |   wander(amount) { /* 实现 */ }
006 | }
007 |
```

```
008  function Cat(name, hunger, energy, state) {
009
010    let cat = Object.create(prototype);
011
012    cat.name = name;
013    cat.hunger = hunger;
014    cat.energy = energy;
015    cat.state = state;
016
017    // 我们不再需要这些代码
018    // cat.sleep = prototype.sleep;
019    // cat.wakeup = prototype.wakeup;
020    // cat.eat = prototype.eatsleep;
021    // cat.wander = prototype.wander;
022
023    return cat;
024  }
```

我们删掉将自己的原型对象与 Cat 类的方法连接的部分，而将它们传递给本地的 Object.create 方法，该方法现在位于 Cat 函数中。

现在可以通过这个新的 Cat 函数来创建 felix 和 luna，如代码清单 17-17 所示。

代码清单 17-17　使用新的 Cat 函数来创建 felix 和 luna

```
001  let felix = Cat("Felix", 10, 5, "idle");
002  felix.sleep();  // "Felix is sleeping."
003
004  let luna = Cat("Luna", 8, 3, "idle");
005  luna.sleep();  // "Luna is sleeping."
```

现在的语法是最佳的，sleep 在内存中仅定义一次。无论创建多少个 felix 或 luna，都不会因为方法而浪费内存，因为它们只定义一次。

17.3.6　构造函数

我们回顾一下，每个对象都有一个原型属性，指向其隐式原型对象，如代码清单 17-18 所示。

代码清单 17-18　输出原型属性

```
001  console.log(typeof Object.prototype); // "object"
```

因此，现在可以将所有的 Cat 函数直接附加到其内置的原型属性，而不是我们先前创建的 prototype 对象（见代码清单 17-19）。

代码清单 17-19 将 Cat 函数直接附加到内置的原型属性

```
001  function Cat(name, hunger, energy, state) {
002
003      let cat = Object.create(Cat.prototype);
004
005      cat.name = name;
006      cat.hunger = hunger;
007      cat.energy = energy;
008      cat.state = state;
009
010      return cat;
011  }

013  // 在实际的Cat.prototype对象上定义方法
014  Cat.prototype.sleep = function { /* 实现 */ };
015  Cat.prototype.wakeup = function { /* 实现 */ };
016  Cat.prototype.eat = function { /* 实现 */ };
017  Cat.prototype.wander = function { /* 实现 */ };

001  let luna = Cat("Luna", 5, 1, "sleeping");
002  luna.sleep();  // "Luna is sleeping."
```

在这种情况下，JavaScript 将先在 luna 对象上查找 sleep 方法，但找不到它；然后 JavaScript 会在 Cat.prototype 上查找 sleep 方法，并在找到后进行调用。

同样，wakeup 方法也会在 Cat.prototype.wakeup 上执行，而不是在实例本身上执行，如代码清单 17-20 所示。

代码清单 17-20 调用 wakeup 方法

```
001  let felix = Cat("Felix", 5, 1, "sleeping");
002  felix.wakeup();  // "Felix woke up."
```

因此，原型主要是作为一种特殊的查找对象保存在内存中，并在使用其构造函数实例化的所有对象实例之间进行共享。

17.3.7 new 运算符

至此我们可以清除前面讲到的所有内容，使用 new 运算符来替代，该运算符会**自动执行**前面几节中探讨的每项操作！如代码清单 17-21 所示。

代码清单 17-21 删除 Object.create 和 return cat

```
001  function Cat(name, hunger, energy, state) {
002      let cat = Object.create(Cat.prototype);
003      cat.name = name;
```

```
004   cat.hunger = hunger;
005   cat.energy = energy;
006   cat.state = state;
007   return cat;
008 }
```

我们从类定义中删除 Object.create 和 return cat。

在 JavaScript 中，使用 function 关键字定义的函数会被提升。这意味着可以在定义 Cat 之前向 Cat.prototype 中添加方法，如代码清单 17-22 所示。

代码清单 17-22 定义一些方法

```
001 // 在Cat.prototype对象上定义一些方法
002 Cat.prototype.sleep = function { /* 实现 */ };
003 Cat.prototype.wakeup = function { /* 实现 */ };
004 Cat.prototype.eat = function { /* 实现 */ };
005 Cat.prototype.wander = function { /* 实现 */ };
```

随后定义 Cat，如代码清单 17-23 所示。

代码清单 17-23 定义 Cat

```
007 function Cat(name, hunger, energy, state) {
008   cat.name = name;
009   cat.hunger = hunger;
010   cat.energy = energy;
011   cat.state = state;
012 }
```

现在，像代码清单 17-24 所展示的这样实例化 luna 和 felix。

代码清单 17-24 使用 new 来实例化 luna 和 felix

```
014 let luna = new Cat("Luna", 8, 3, "idle");
015 luna.sleep();  // "Luna is sleeping."
016
017 let felix = new Cat("Felix", 5, 1, "sleeping");
018 felix.wakeup();  // "Felix woke up."
```

17.3.8 ES6 class 关键字

前面对原型的所有探讨都集中在 class 关键字上，这是 ES6 中新增的。在关于 JavaScript 的面试中，原型的工作方式是一个很常见的问题。在工作中，前端软件工程师却很少会接触到它。

请看代码清单 17-25。

代码清单 17-25 使用 class 关键字来定义 Cat 类

```
001 class Cat {
002   constructor(name, hunger, energy, state) {
003     this.name = name;
004     this.hunger = hunger;
005     this.energy = energy;
006     this.state = state;
007   }
008   sleep()  { /* 实现 */ };
009   wakeup() { /* 实现 */ };
010   eat()    { /* 实现 */ };
011   wander   { /* 实现 */ };
012 }
```

请用关键字 class 和 new，让 JavaScript 自行处理原型。

下一章将进一步利用该概念，通过继承和对象组合，以及函数式编程，使用面向对象编程的多态来设计整个应用程序。

17

第 18 章

面向对象编程 18

在本章中，我们将构建一个带炉灶的灶台，并通过该示例来了解**面向对象编程**（object-oriented programming，OOP）。OOP 的最佳示例是基于许多不同类型的对象。我们为每个抽象类型定义一个类：Fridge、Ingredient、Vessel、Range、Burner 和 Oven，并将根据 OOP 与 JavaScript 代码的实际关系，来了解两个重要的 OOP 原则：**继承**和**多态**。

18.1 Ingredient

Ingredient 类是泛型类，用来实例化原料。它包含 name、type 和 calories 等属性，这些属性足以描述所需的几乎所有原料。

将要创建的常见原料包括水、橄榄油、肉汤、红酒、月桂叶、胡椒、牛肉、鸡肉、培根、菠萝、苹果、蓝莓、蘑菇、胡萝卜、土豆、鸡蛋、奶酪、调味汁、燕麦片、大米和糙米。这足够做几顿丰盛的饭菜了！Ingredient 类本身拥有**静态**属性，以描述原料的类型。

18.2 FoodFactory

FoodFactory 类会创建一个全新的原料实例。这样我们就不会同时在不同的烹饪炊具中重复使用相同的 Ingredient 对象实例。你也许知道，在 JavaScript 中，变量名只是对同一对象实例的引用（链接）。

18.3 Vessel

烹饪炊具类 Pot、Pan 和 Tray 体现了继承的概念，因为它们派生自同一个抽象类 Vessel，如图 18-1 所示。

Vessel 类拥有 add 方法，用于添加原料。这样我们就可以选择将哪些原料放在每个创建的炊具中炖煮或烘焙（这取决于选择的炊具类型）。

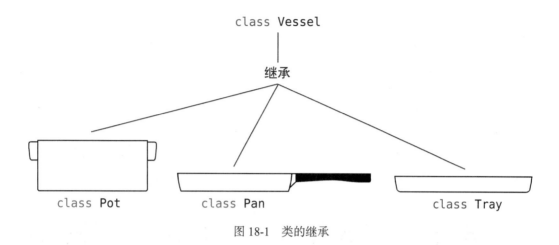

图 18-1　类的继承

18.4　Burner

灶台上有 4 个灶眼，都是 Burner 类的唯一实例。可以使用 on 或 off 来打开或关闭炉灶，如图 18-2 所示。

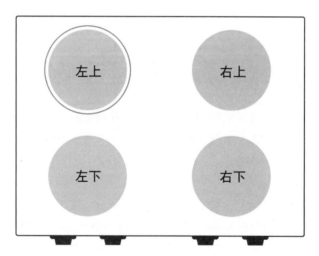

```
let burner = new Burner(BurnerIndex.UpperLeft);
let skillet = new Pan("cast iron");
burner.place(skillet);   // 将煎锅放在炉灶上
burner.on();             // 打开炉灶
range.run(1);            // 加热1分钟
```

图 18-2　实例化 4 个灶眼

装有原料的炊具可以放在 4 个灶眼上。

如果打开炉灶，炉灶的状态即为 on，其上炊具中的所有东西都会被视为将要烹饪，但仅当灶台调用 range.run(分钟数)，且运行一段时间时，它才会被视为正在烹饪。

18.5　灶台类型与多态炉灶

如图 18-3 所示，RangeType.Gas 和 RangeType.Electric 表示不同加热方式的内部实现。

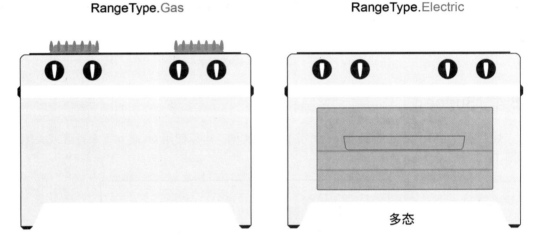

RangeType.Gas　　　　　　**RangeType.**Electric

多态

图 18-3　多态的示例

我们不会深入讨论煤气灶和电炉的具体实现，而只会编写一个加热函数，以将能量单位转换为热量单位。其主要思想是，即使 RangeType 实现可以从 Gas 变为 Electric，灶台的 API 代码仍然无须修改即可正常执行。

多态

在这里，**多态**是通过**对象组合**来展示的，后者将一个 Oven 对象直接集成到 Range 对象中。对象组合将两个或更多个对象组合在一起来实现多态，而不是像 Vessel 示例那样使用继承。

在代码中，对象组合可以表现为实例化为另一个对象属性的新对象，这通常在另一个对象的构造函数中实现，例如 Range 的构造函数中的 this.oven = new oven（而不是从 Range 继承 Oven ）。

18.6　类定义

一般来说，编程可以分为两部分：定义和使用。在本节中，我们定义每个类，来展示 OOP

的原则。在需要解释的地方会添加一些注释。

　　每个类将放在一个单独的 JavaScript 文件中。例如，Range 放在 ./range.js 中，ingredient 则放在 ./ingredient.js 中。主应用程序使用关键字 import 和 export 来包含它们。

　　在检查完所有的类定义之后，我们将实现它们。

18.6.1　print.js

　　由于 console.log 这个名字有点复杂，因此将该函数重命名为简单的 print。这可以使余下的代码更加美观，如代码清单 18-1 所示。

代码清单 18-1　将 console.log 简化为 print

```
001  // 将console.log重写为print
002  const print = (message) => console.log(message);
003
004  export default print;
```

　　我们对本地方法 window.print 进行了重写，但在该应用程序中，我们并没有使用它，这让代码更加容易理解。

18.6.2　Ingredient

　　Ingredient 类的定义如代码清单 18-2 所示。

代码清单 18-2　定义 Ingredient 类

```
001  export default class Ingredient {
002    constructor(name, type, calories) {
003      this.name = name;
004      this.type = type;
005      this.calories = calories;
006      this.minutes = {
007        fried: 0,
008        boiled: 0,
009        baked: 0
010      }
011    }
012    // 静态类型（像Ingredient.fruit那样使用）
013    static meat = 0;
014    static vegetable = 1;
015    static fruit = 2;
016    static egg = 3;
```

18

```
017    static sauce = 4;
018    static grain = 5;
019    static cheese = 6;
020    static spice = 7;
021  };
```

18.6.3 FoodFactory

如代码清单 18-3 所示，FoodFactory 类将帮助我们创建 Ingredient 对象的唯一实例。

代码清单 18-3   定义 FoodFactory 类

```
001  import print from "./print.js";
002  import Ingredient from "./ingredient.js";
003
004  export default class FoodFactory {
005    // 空构造函数
006    // 我们不会在这里实例化任何对象
007    constructor() {}
008  };
009
010  // 该函数将创建一个新的对象实例
011  FoodFactory.make = function(what) {
012    return new Ingredient(what.name, what.type, what.calories);
013  };
```

18.6.4 Fridge

Fridge 类很简单。它使用了数组的高阶函数 filter，如代码清单 18-4 所示。

代码清单 18-4   定义 Fridge 类

```
001  export default class Fridge {
002    constructor(ingredients) {
003      this.items = ingredients;
004    }
005    // 获取所有类型的原料
006    get(type) {
007      return this.items.filter(i => i.type == type, 0);
008    }
009  };
```

你可以在冰箱中放入 Ingredient 类型的对象数组。只想吃蔬菜？没问题！你只需执行如代码清单 18-5 所示的调用。

代码清单 18-5 实例化蔬菜

```
001  // 将所有可用的原料存储在数组中
002  const ingredients = [ water, olive_oil, broth, red_wine,
003  bay_leaf, peppercorn, beef, chicken, bacon, pineapple,
004  apple, blueberry, mushroom, carrot, potato, egg, cheese,
005  sauce, oatmeal, rice, brown_rice];
006
007  // 创建冰箱，并将原料放进去
008  let Frigidaire = new Fridge(ingredients);
009
010  // 只从冰箱中取出蔬菜
011  let vegetables = Frigidaire.get(Ingredient.vegetable);
012
013  console.log(vegetables);
```

如代码清单 18-6 所示，在控制台输出中，我们得到一个只有蔬菜的数组。

代码清单 18-6 控制台输出

```
▼ (3) [Ingredient, Ingredient, Ingredient]
  ▶ 0: Ingredient {name: "mushroom", type: 2, calories: 4, minutes: {…}}
  ▶ 1: Ingredient {name: "carrot", type: 2, calories: 41.35, minutes: {…}}
  ▶ 2: Ingredient {name: "potato", type: 2, calories: 163, minutes: {…}}
    length: 3
  ❯ |
```

18.6.5 convert_energy_to_heat

我们来定义将能量转换为热量的核心函数，如代码清单 18-7 所示。

代码清单 18-7 定义 convert_energy_to_heat 函数

```
001  import print from "./print.js";
002  import { RangeType } from "./range.js";
003  // 根据灶具实现来返回能量
004  const convert_energy_to_heat = function(source_type, minutes)
005  {
006    let energy = 0;
007    // 由于加热阶段较长，因此产生的能量较少
008    if (source_type == RangeType.Electric) energy = 1;
009    // 产生更多的能量（更高效）
010    if (source_type == RangeType.Gas) energy = 2;
011    let E = energy * minutes;
012    print(`Range generated ${E} unit(s) of energy.`);
013    // 返回产生的能量
```

```
014    return energy * minutes;
015  };
016
017  // 简写
018  const convert = convert_energy_to_heat;
```

1. 推测

如示例所示，电炉产生的能量比煤气灶大约低 50%。这当然只是推测。如果有实际的设备，可以根据实际情况下的精确数字来修改该函数。

2. 分开实现

这个函数很重要，因为它是灶具实现的核心。如果改变这个函数的内部工作方式，那么主类 API 并不会受到影响。这意味着从 RangeType.Gas 升级到 RangeType.Electric，我们无须重写代码的任何部分！

如果遵循 OOP 原则，就可以实现这一点。当然，使用其他相似的模式或逻辑结构也能够模拟实现。但是，这通常出现在 OOP 中。

18.6.6 Vessel

体现对象继承的类只有 Vessel。先介绍一下其构造函数的定义，如代码清单 18-8 所示。

代码清单 18-8   Vessel 类的构造函数

```
003  // 定义烹饪炊具
004  export default class Vessel {
005    constructor(material, type) {
006      this.type = type;
007      this.material = material;
008      this.ingredients = [];
009      print(`Created ${this.material} ${this.type}.`);
010    }
```

calories 方法将使用 reducer 来计算炊具中当前的总卡路里数（见代码清单 18-9）。

代码清单 18-9   calories 方法

```
011    calories() {
012      const reducer = (acc, ing) => acc + ing.calories;
013      let sum = this.ingredients.reduce(reducer, 0);
014      print(`There are ${sum} calories in
015              ${this.material} ${this.type}.`);
016    }
```

add 方法可以向炊具中添加一种原料（见代码清单 18-10）。

代码清单 18-10　add 方法

```
017    add(ingredient) {
018      this.ingredients.push(ingredient);
019      print(`Added ${ingredient.name} to
020              ${this.material} ${this.type}.`);
021    }
```

cook 方法可以对炊具中的原料进行烹调（见代码清单 18-11）。

代码清单 18-11　cook 方法

```
022    cook() {
023      console.log(`Cooking in ${this.material} ${this.type}`);
024    }
025  }; // 关闭默认的导出类 Vessel
```

我们根据 Vessel 扩展 Pan、Pot 和 Tray。请注意，每当从父对象扩展对象时，都必须通过 super 来调用父对象的超级构造函数（见代码清单 18-12）。

代码清单 18-12　使用 super 方法来调用父对象的超级构造函数

```
027  class Pan extends Vessel {
028    constructor(material) {
029      super(material, "frying pan");
030    }
031  };
032
033  class Pot extends Vessel {
034    constructor(material) {
035      super(material, "cooking pot");
036    }
037  };
038
039  class Tray extends Vessel {
040    constructor(material) {
041      super(material, "baking tray");
042    }
043  };
```

子类 Pan、Pot 和 Tray 继承了 Vessel 类的所有默认功能。我们并未添加这些类自有实现的代码！最后如代码清单 18-13 所示，导出 Pan、Pot 和 Tray。请注意，实际上无须导出 Vessel 本身，因为这是主要的抽象类，提供默认的实现，而它在其他地方并不直接使用。

代码清单 18-13　导出类

```
045  export { Vessel, Pan, Pot, Tray };
```

18.6.7 Burner

Burner 类如代码清单 18-14 所示。

代码清单 18-14 定义 Burner 类

```
001  export const BurnerIndex = { UpperLeft: 0, UpperRight: 1,
002                               LowerLeft: 2, LowerRight: 3 };
003
004  export default class Burner {
005    constructor(id) {
006      this.id = id;
007      this.state = Burner.Off;
008      this.vessel = null; // 炉灶上的炊具
009      print(`Created burner ${this.id} in Off state.`);
010    }
011    on() {
012      this.state = Burner.On;
013      print(`Burner ${this.id} turned on!`);
014    }
015    off() {
016      this.state = Burner.Off;
017      print(`Burner ${this.id} turned off!`);
018    }
019  };
```

可以在类的内部使用 static 关键字来定义静态属性 On 和 Off，这两个静态属性直接定义在 Burner 类中，位于其主体的外部（见代码清单 18-15）。

代码清单 18-15 定义静态属性 On 和 Off

```
001  // 静态标识符
002  Burner.Off = false;
003  Burner.On = true;
```

18.6.8 Range

1. 多态炉

Oven 可以多态地添加到 Range 中。本节将介绍如何做到这一点，请看代码清单 18-16。

代码清单 18-16 定义 Oven 类

```
001  // 添加新特性bake（需要铝制托盘）
002  class Oven {
003    constructor() {
```

```
004        this.tray = null;
005    }
006    add(tray) {
007        this.tray = tray;
008        print(`Tray with ${this.tray.ingredients} added!`);
009    }
010    on() {
011        print("Oven turned on!");
012    }
013    off() {
014        print("Oven turned off!");
015    }
016    bake() {
017        print("Oven bakes...");
018    }
019 };
```

Range 类有一些依赖项：print、Burner、BurnerIndex 和 convert。从各个源文件中导入它们，如代码清单 18-17 所示。

代码清单 18-17　导入 Range 类的依赖项

```
001 import print from "./print.js";
002 import { Burner, BurnerIndex, convert } from "./burner.js";
003
004 const RangeType = {
005    Electric: "Electric",
006    Gas: "Gas"
007 }
```

接下来定义 Range 类。Range 类是整个烹饪系统的核心。它将所有的类连接为一个炊具机。如代码清单 18-18 所示，我们定义新类 Range，并导出。

代码清单 18-18　定义 Range 类

```
001 export default class Range {
```

Range 的构造函数如代码清单 18-19 所示。

代码清单 18-19　Range 类的构造函数

```
003    constructor(type, stove) {
004
005        // 默认未安装烤箱
006        this.oven = null;
007
```

```
008        // RangeType.Electric或RangeType.Gas
009        this.type = type;
010
011        // 在4个灶眼上放置炊具
012        this.burners = [new Burner(BurnerIndex.UpperLeft),
013                         new Burner(BurnerIndex.UpperRight),
014                         new Burner(BurnerIndex.LowerLeft),
015                         new Burner(BurnerIndex.LowerRight)];
016
017        if (type == RangeType.Electric) {
018          // RangeType.Electric——加热和冷
019          // 却所需时间更长，使其效率更低，控
020          // 制更困难，操作成本更高，安装成本
021          // 更低
022        }
023        if (type == RangeType.Gas) {
024          // RangeType.Gas——加热速度更快，
025          // 无须冷却时间，使其更高效，更易于
026          // 控制，操作成本更低，安装成本更高
027        }
028
029        console.log(`Created ${type} range!`);
030    }
```

在构造函数中，我们向 Range 对象添加了 4 个新的灶眼。这就是多态（由其他对象组成一个对象）。在该示例中，Range 由 4 个独立的 Burner 对象组成。在这里，使用继承就没有什么意义了。如何从灶眼"继承"灶台或从灶台"继承"灶眼呢？这没有逻辑意义。在这里，Burner 是 Range 对象的一部分，这似乎更准确地反映了现实中事物的组成方式。

2. Range.install_oven

随后，我们可以调用 install_oven，来安装多态烤箱（见代码清单 18-20）。

代码清单 18-20   对象组合

```
032    install_oven() {
033        // 多态实践：对象组合
034        // 我们将另一个关键对象添加到Range中
035        this.oven = new Oven();
036        print("Installed oven!");
037    }
```

3. Range.place(index, vessel)

Range.place 方法被用于将现有的 Vessel 对象放在 4 个可用的灶眼上，如代码清单 18-21 所示。

代码清单 18-21　将炊具放在灶眼上

```
039    // 将炊具放在4个灶眼上
040    place(index, vessel) {
041      this.burners[index].vessel = vessel;
042      print(`Placed ${vessel.material} ${vessel.type}
043          on range index ${index}.`);
044    }
```

4. Range.run(minutes)

假如使用上述的 Range.place 方法，将炊具放在一个或多个灶眼上，那么我们现在可以调用 Range.run(1)，指定操作灶台的分钟数，如代码清单 18-22 所示。

代码清单 18-22　打开灶台

```
001    // 打开灶台，将能量转换为每个灶眼的热量
002    run(minutes) {
003      // 1.将能量转换为热量
004      this.burners.forEach(item => convert(this.type, minutes));
005      // 2.对炊具调用cook
006      this.burners.forEach(item =>
007        // 首先检查灶眼上是否有炊具
008        // 如果有，则执行cook
009        // 否则不执行任何操作
010        item.vessel ? item.cook() : null);
011    }
```

18.7　组装

定义好了所有类，现在开始做饭了！

如代码清单 18-23 所示，将所有的依赖项添加到主 JavaScript 文件中。

代码清单 18-23　导入依赖项

```
001  import Ingredient from "./ingredient.js";
002  import Fridge from "./fridge.js";
003  import { Burner, BurnerIndex } from "./burner.js";
004  import { Range, RangeType } from "./range.js";
005  import { Vessel, Pan, Pot, Tray } from "./cookware.js";
006  import FoodFactory from "./foodfactory.js";
```

这里需要注意的一点是，我们无须将 print 函数从 ./print.js 文件导入到主程序中，它是灶台实现的内部函数。在继续操作之前，首先定义如代码清单 18-24 所示的变量。

代码清单 18-24 创建 Ing 引用

```
001 let Ing = Ingredient;
```

单词 Ingredient 太长了。本书中并未出现实例化这种类型的对象的语句。这在随后的源代码中可以看出来。因此,我们创建了一个名为 Ing 的引用。

回忆一下变量名是如何引用原始对象的。Ing 变量是对与 Ingredient 完全相同的构造函数的引用,不会创建副本。在后文的代码中,我们将创建 Ingredient 类的实例,作为实际成分。

Ingredient 构造函数有 name、type 和 calories 三个参数。可以在谷歌上查询每种食物的卡路里。

18.7.1 定义成分

请看代码清单 18-25。

代码清单 18-25 定义成分

```
003 // 水、橄榄油、肉汤、红酒
004 const water       = new Ing("water", Ing.liquid, 0);
005 const olive_oil   = new Ing("olive oil", Ing.liquid, 0);
006 const broth       = new Ing("broth", Ing.liquid, 11);
007 const red_wine    = new Ing("red wine", Ing.liquid, 125);
008 // 调料
009 const bay_leaf    = new Ing("bay leaf", Ing.spice, 6);
010 const peppercorn  = new Ing("peppercorn", Ing.spice, 17);
011 // 肉
012 const beef        = new Ing("beef", Ing.meat, 213);
013 const chicken     = new Ing("chicken", Ing.meat, 335);
014 const bacon       = new Ing("bacon", Ing.meat, 43);
015 // 水果
016 const pineapple   = new Ing("pineapple", Ing.fruit, 452);
017 const apple       = new Ing("apple", Ing.fruit, 95);
018 const blueberry   = new Ing("blueberry", Ing.fruit, 85);
019 // 蔬菜
020 const mushroom    = new Ing("mushroom", Ing.vegetable, 4);
021 const carrot      = new Ing("carrot", Ing.vegetable, 41.35);
022 const potato      = new Ing("potato", Ing.vegetable, 163);
023 const pepper      = new Ing("bell pepper", Ing.vegetable, 24);
024 const onion       = new Ing("onion", Ing.vegetable, 44);
025 // 鸡蛋
026 const egg         = new Ing("egg", Ing.egg, 78);
027 // 谷物、奶酪、调味汁
028 const oatmeal     = new Ing("oatmeal", Ing.grain, 158);
029 const rice        = new Ing("rice", Ing.grain, 206);
```

```
030 const brown_rice = new Ing("brown rice", Ing.grain, 216);
031 const cheese      = new Ing("cheese", Ing.cheese, 113);
032 const sauce       = new Ing("tomato sauce", Ing.sauce, 70);
```

18.7.2 实例化灶台对象

创建电炉，如代码清单 18-26 所示。

代码清单 18-26　创建电炉

```
001 // 创建电炉
002 let range = new Range(RangeType.Electric);
```

这样一来，下一次执行 Range.run(1) 时，我们就可以将所有放在炉子上的食材烹饪 1 分钟。但在此之前，首先需要创建一些烹饪炊具，并在里面放一些原料。

创建好了灶台，现在我们来创建烹饪炊具吧！请看代码清单 18-27。

代码清单 18-27　创建炊具

```
001 // 创建炊具
002 let pan = new Pan("cast iron");
003 let skillet = new Pan("cast iron");
004 let pot = new Pot("stainless steel");
005 let tray = new Tray("aluminum");
```

如代码清单 18-28 所示，我们将一些原料放进 pot 中，准备炖牛肉。

代码清单 18-28　炖牛肉

```
001 // 炖牛肉
002 pot.add(water);
003 pot.add(broth);
004 pot.add(red_wine);
005 pot.add(beef);
006 pot.add(potato);
007 pot.add(carrot);
008 pot.add(bay_leaf);
009 pot.add(peppercorn);
010 pot.calories(); // 576.35
```

但这里存在一个问题。由于 JavaScript 将变量看作对同一个对象的引用，因此，如果将水、肉汤、牛肉等加入到另外一个锅中，那么本质上这次的原料与上面锅中的原料是同一组。这意味着如果打开炉灶，我们可能是在不同的炊具中烹饪同一组原料！这就需要工厂类。

如代码清单 18-29 所示，FoodFactory 类将返回原料的新实例，而不是对现有原料对象实例的引用（要理解 FoodFactory 类的工作方式，请参见它的实现）。

18

代码清单 18-29 炖蔬菜

```
001 skillet.add(FoodFactory.make(mushroom));
002 skillet.add(FoodFactory.make(carrot));
003 skillet.add(FoodFactory.make(onion));
004 skillet.add(FoodFactory.make(potato));
005 skillet.add(FoodFactory.make(pepper));
006 skillet.calories(); // 2260
```

FoodFactory 用来确保所有的原料都是唯一的对象实例（见代码清单 18-30）。

代码清单 18-30 煎鸡蛋

```
001 // 煎3个鸡蛋
002 pan.add(FoodFactory.make(egg));
003 pan.add(FoodFactory.make(egg));
004 pan.add(FoodFactory.make(egg));
005 pan.calories(); // 234
```

现在，如代码清单 18-31 所示，我们将所有的炊具都放到炉灶上。

代码清单 18-31 将锅放到炉灶上

```
001 // 将炖牛肉的锅放到左下的灶眼上
002 range.place(BurnerIndex.LowerLeft, pot);
003
004 // 将炖蔬菜的锅放到右下的灶眼上
005 range.place(BurnerIndex.LowerRight, skillet);
006
007 // 将煎3个鸡蛋的锅放到右上的灶眼上
008 range.place(BurnerIndex.UpperRight, pan);
```

然后打开炉灶，如代码清单 18-32 所示。

代码清单 18-32 打开炉灶

```
001 // 打开炉灶
002 range.burners[BurnerIndex.LowerLeft].on();
003 range.burners[BurnerIndex.LowerRight].on();
004 range.burners[BurnerIndex.UpperRight].on();
```

最后，让炉灶工作 1 分钟，如代码清单 18-33 所示。

代码清单 18-33 烹饪 1 分钟

```
001 // 让所有打开的炉灶工作1分钟
002 range.run(1);
```

第 19 章

事 件 *19*

事件是在特定动作发生时执行的操作。如果用户单击 UI 按钮或其他的 HTML 元素，浏览器将发送一个与单击的 HTML 元素相关联的 onclick 事件。

事件分为两种类型：**浏览器事件**和**合成事件**。

19.1 浏览器事件

内置的浏览器事件是预设好的，并且在动作发生时，由浏览器执行。我们无须自己创建，只需要拦截它们（假设希望在事件发生后执行其他操作）。当浏览器的窗口大小发生改变时，会自动发送 resize 事件。这或许是调整 UI 布局来适应新区域的最佳位置。

鼠标事件也是内置的浏览器事件之一。当鼠标移动时，就会发送 onmousemove 事件，不断地重新计算鼠标的位置，并通过 event.clientX 属性和 event.clientY 属性来表示鼠标位置。当按下鼠标时，将触发 onmousedown 事件，而当松开鼠标时，将触发 onmouseup 事件。你可以拦截这些事件，并提供回调函数，其中包含事件发生后要执行的命令。这对于实现自定义的 UI 体验非常有用，如单击鼠标时显示自定义的菜单。

19.2 合成事件

内置的浏览器事件很好，而要真正理解它们的工作方式，需要先了解合成事件。这会让我们很好地理解 JavaScript 如何创建和调度事件。

19.2.1 事件对象

可以使用**事件对象**来创建和调度自己的事件。以这种方式创建的事件称为**合成事件**，这是因为它们并不是由浏览器本身生成的，而是由程序生成的。我们创建一个合成事件，来看一下 JavaScript 中事件的基本工作方式，如代码清单 19-1 所示。

代码清单 19-1 创建自定义事件

```
001 // 创建新的自定义事件startEvent
002 let startEvent = new Event('start');
```

19

创建了 startEvent 之后，我们需要拦截它，并在检测到该事件时运行一些代码。要监听 start，首先要调用 addEventListener 方法，并将该方法的第一个参数设为 start，如代码清单 19-2 所示。

代码清单 19-2   监听事件

```
004 | // 监听start事件
005 | document.addEventListener('start',
006 |     function ( event ) { /* 自定义代码 */ }, false);
```

事件发生时将执行一个匿名回调函数，该函数接受 event 参数。虽然该参数可以任意命名，但是通常命名为 event，因为这样更直观。

19.2.2 事件捕获与事件冒泡

addEventListener 方法的最后一个参数 useCapture 设为 false，以禁用**事件捕获**模式。一般来说，当设为 true 时，意味着父元素将先收到事件通知，然后才是实际单击的元素。如果设为 false，则使用事件冒泡模式，其情形与事件捕获模式相反，单击的元素先收到事件通知，然后事件逐步被发送给其所有的父元素。

这可以追溯到 Netscape Navigator 浏览器和 Internet Explorer 早期版本的实现。简单地说，Netscape Navigator 希望强制执行事件捕获，而 Internet Explorer 想要强制执行事件冒泡，最终结果是共用这两种模式。

由此开始，addEventListener 会同时监听捕获和冒泡。最后一个参数 useCapture 使程序员可以自己选择**事件传播模式**，如图 19-1 所示。

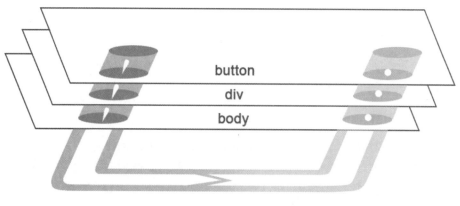

捕获
button > div > body

冒泡
body > div > button

图 19-1   事件捕获与事件冒泡

在现代浏览器中，如果未指定 useCapture 参数，则默认为 false，而之前的浏览器则要求手动设置该标志。因此，在现代 JavaScript 中，它通常被显式地设置为 false，仅向后兼容。

19.2.3 dispatchEvent

执行 addEventListener 之后，浏览器会持续监听 start 事件是否发生。但在使用 dispatchEvent 方法实际触发事件之前，回调将保持休眠状态（见代码清单 19-3）。

代码清单 19-3 触发事件

```
008 // 触发start事件
009 document.dispatchEvent( startEvent );
```

dispatchEvent 方法会实际触发我们自定义的 start 事件。它通常持有一个参数，该变量指向前面创建的实际的事件对象。

19.2.4 removeEventListener

事件监听会占用内存，如果同时监听的事件过多，就会影响程序的性能。如果我们不再需要监听事件，那么最好调用 removeEventListener 方法。

如代码清单 19-4 所示，假设我们开始监听文档的 click 事件。

代码清单 19-4 监听 click 事件

```
001 document.addEventListener("click", callback);
```

要移除对该事件的监听，就必须提供最开始传递给 addEventListener 方法的回调函数（见代码清单 19-5）。

代码清单 19-5 移除 click 监听事件

```
001 document.removeEventListener("click", callback);
```

由于匿名函数不能用来移除事件监听，因此代码清单 19-6 将不会移除事件监听。

代码清单 19-6 匿名函数不能用来移除事件监听

```
001 document.removeEventListener("click", function() { });
```

每当使用匿名函数表达式时，它都会开辟一块新内存空间。这意味着 removeEventListener 将无法在已经存在的回调中找到它。之所以需要原始的回调函数名，是因为它在内存中的位置是唯一的。这使得 removeEventListener 方法能够确切地知道要解绑哪一个监听器。

请注意，removeEventListener("click") 并不会移除"所有的单击事件"。同样，**必须**

指定 removeEventListener 的第 2 个参数，即绑定事件的原始函数名，才能成功解绑事件。

19.2.5 CustomEvent 对象

事件可以携带附加数据，指定事件的详细信息。如果单击鼠标，我们需要知道鼠标指针当时的 X 轴和 Y 轴的坐标位置。如果调整了浏览器的大小，我们需要知道新客户端区域的大小。我们应该使用 CustomEvent 对象，以向事件添加详细信息。先来创建负载对象。该对象必须持有 detail 属性，来存储自定义事件相关的附加信息——表示大头针放置在地图上的位置和信息标签，如代码清单 19-7 所示。

代码清单 19-7　创建事件的详细负载

```
001  // 创建事件的详细负载
002  let info = {
003    detail: { position: [125, 210],
004             info: "map location" }
005  };
```

现在，我们创建新的自定义 pin 事件，如代码清单 19-8 所示。

代码清单 19-8　创建 pin 事件

```
007  // 创建自定义类型的新事件pin
008  let eventPin = new CustomEvent("pin", info);
```

如代码清单 19-9 所示，回调函数将在发送事件时被触发。

代码清单 19-9　创建回调函数

```
010  // 创建回调函数
011  let callback = function(event) {
012      console.log(event);
013  };
```

最后，开始监听 pin 事件，如代码清单 19-10 所示。

代码清单 19-10　监听 pin 事件

```
015  // 开始监听pin事件
016  document.addEventListener("pin", callback);
```

与一般的事件一样，自定义事件也调用 dispatchEvent 方法来触发。

每当在地图区域点击鼠标时，就可以使用 dispatchEvent 方法来触发 pin 事件（见代码清单 19-11）。

代码清单 19-11　触发 pin 事件

```
018 // 手动触发该事件
019 document.dispatchEvent(eventPin);
```

1. 事件解析

我们在控制台上看一下 CustomEvent。图 19-2 突出显示了其中的重要部分。

图 19-2　事件解析

2. 小结

事件对象是抽象的。每个事件通常都持有与事件类型相关的详细信息。因此，在设计自己的事件时，请考虑它应该提供什么类型的数据。这通常取决于程序用途。

19.2.6　setTimeout

setTimeout 函数可以用来为事件计时。创建回调函数，如代码清单 19-12 所示。

代码清单 19-12　创建回调函数

```
001 let callback = function() { console.log("event!") };
```

如代码清单 19-13 所示，在调用 setTimeout 1 秒（1000 毫秒）后执行回调函数。

代码清单 19-13   1000 毫秒后调用回调函数

```
002 setTimeout(callback, 1000);
```

我们再试一下其他的方法（见代码清单 19-14）。

代码清单 19-14   创建回调函数

```
001 let callback = function() {
002     console.log("do something");
003 }
```

如代码清单 19-15 所示，在 1000 毫秒之后执行回调函数。

代码清单 19-15   1000 毫秒后调用回调函数

```
005 let timer = setTimeout(callback, 1000);
```

使用 clearTimeout 函数来重置超时，这会取消事件并防止它再次发生（见代码清单 19-16）。

代码清单 19-16   重置超时

```
007 // 重置超时
008 clearTimeout(timer);
009 timer = null;
```

19.2.7 setInterval

setInterval 函数的工作方式与 setTimeout 几乎完全相同，只是它将按第 2 个参数中指定的时间间隔持续执行回调函数，如代码清单 19-17 所示。

代码清单 19-17   每隔 1000 毫秒调用一次回调函数

```
011 let interval = setInterval(callback, 1000);
```

clearInterval 函数可以用来停止事件（见代码清单 19-18）。

代码清单 19-18   重置时间间隔

```
013 // 重置时间间隔
014 clearInterval(interval);
015 interval =  null;
```

19.3 拦截浏览器事件

许多内置事件已持有附加到全局窗口对象的回调函数。这意味着可以通过自己的实现来覆盖它们，如代码清单 19-19 所示。

代码清单 19-19 覆盖窗口对象的事件

```
001 window.onload = function(event) { }
002 window.onresize = function(event) { }
003 window.focus = function(event) { }
004 window.onmousemove = function(event) { }
005 window.onmouseover = function(event) { }
006 window.onmouseout = function(event) { }
```

这些事件仍会发生，但除了内置代码之外，附加到事件的函数也会被执行。

不过，事件并不是只可以在窗口对象中被覆盖。例如，你还可以将事件直接附加到 HTML 元素，此时若选择的元素支持特定的事件类型，那么该事件将被覆盖（见代码清单 19-20）。

代码清单 19-20 覆盖 HTML 元素的事件

```
001 document.getElementById("id").onclick = function(event) {
002   console.log(event);
003 }
```

19.4 显示鼠标位置

要显示鼠标指针位于元素内或相对于整个页面的位置，可以拦截 onmousemove 事件，并输出附加到 event 参数上的鼠标位置坐标，如代码清单 19-21 所示。

代码清单 19-21 拦截 onmousemove 事件

```
001 window.onmousemove = function(event) {
002   // 获取相对于文档的鼠标坐标
003   let mouseX = event.pageX;
004   let mouseY = event.pageY;
005   // 获取相对于元素区域的鼠标坐标
006   let localX = event.clientX;
007   let localY = event.clientY;
008 }
```

控制台输出如图 19-3 所示。

```
944 4 944 4
948 6 948 6
952 8 952 8
>
```

图 19-3 控制台输出

单击及许多其他事件可以像代码清单 19-22 中这样进行覆盖。

代码清单 19-22　覆盖单击事件

```
001 window.onclick = function(event) { /* 处理事件 */ }
```

19.5　通用的鼠标事件类

每次新项目需要自定义 UI 功能时，都要重新编写鼠标代码，我已经数不清写了多少次了。虽然要跟踪何时单击按钮只需拦截鼠标的移动事件和单击事件，但是一般的 UI 项目需要的计算不由内置的鼠标事件提供。

编写的自定义模块需要知道"用户当前是否在用鼠标拖动对象"。如果你正在使用滑动界面，最需要回答的问题是："最后一次鼠标单击和当前鼠标位置之间的距离是多少？"

在本节中，我们将编写一个可重用的 Mouse 类。这样在将来的 JavaScript 项目中，就无须再编写鼠标代码，只要从 mouse.js 文件中导出 Mouse 类就可以了，如代码清单 19-23 所示。

代码清单 19-23　Mouse 类

```
001 export class Mouse {
002   constructor() {
003     this.current = {x: 0, y: 0};     // 当前坐标
004     this.memory = {x: 0, y: 0};      // 最后一次单击的位置
005     this.difference = {x: 0, y: 0};  // 变化
006     this.inverse = {x: 0, y: 0};     // 更新
007     this.dragging = false;
008     document.body.addEventListener("mousedown", () => {
009       if (this.dragging == false) {
010         this.dragging = true;
011         this.memory.x = this.current.x;
012         this.memory.y = this.current.y;
013         this.inverse.x = this.memory.x;
014         this.inverse.y = this.memory.y;
015       }
016     });
017     document.body.addEventListener("mouseup", () => {
018       this.dragging = false;
019       this.current.x = 0;
020       this.current.y = 0;
021       this.memory.x = 0;
022       this.memory.y = 0;
023       this.difference.x = 0;
024       this.difference.y = 0;
025       this.inverse.x = 0;
```

```
026 |     this.inverse.y = 0;
027 |   });
028 |   document.body.addEventListener("mousemove", (event) => {
029 |     this.current.x = event.pageX;
030 |     this.current.y = event.pageY;
031 |     if (this.dragging) {
032 |       this.difference.x = this.current.x - this.memory.x;
033 |       this.difference.y = this.current.y - this.memory.y;
034 |       // 替换
035 |       if (this.current.x < this.memory.x)
036 |         this.inverse.x = this.current.x;
037 |       if (this.current.y < this.memory.y)
038 |         this.inverse.y = this.current.y;
039 |     }
040 |   });
041 | }
042 | }
```

19.5.1 包含和使用 Mouse 类

只需将该代码存储在 mouse.js 中，每当需要使用鼠标坐标时就实例化 Mouse 类，如代码清单 19-24 所示。

代码清单 19-24　使用 Mouse 类

```
001 | <html>
002 |   <head>
003 |     <title>Custom UI Project</title>
004 |     <script type = "module">
005 |
006 |       import { Mouse } from "./mouse.js";
007 |
008 |       // 实例化全局鼠标对象
009 |       let mouse = new Mouse();
010 |
011 |       // 在代码中全局使用
012 |       mouse.current.x;
013 |       mouse.current.y;
014 |
015 |       // 相对于文档的最后一次单击的位置
016 |       mouse.memory.x;
017 |       mouse.memory.y;
018 |
019 |       // 滑动长度
020 |       mouse.difference.x;
```

19

```
021        mouse.difference.y;
022
023        // 移动后的值
024        mouse.inverse.x;
025        mouse.inverse.y;
026
027        // 当前是否按住鼠标？（布尔型）
028        mouse.dragging;
029
030      </script>
031    </head>
032    <body>
033      <!-- UI //-->
034    </body>
035 </html>
```

19.5.2　解析 Mouse 类

从现在起，我们可能需要的所有坐标都会被自动计算出来，并且在 Mouse 类的实例上可用，如图 19-4 所示。

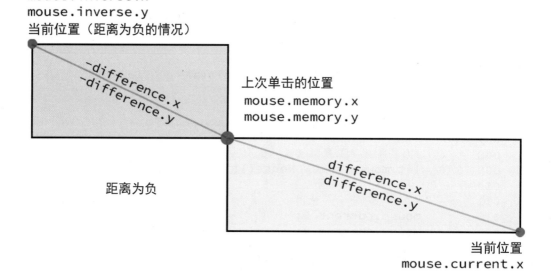

图 19-4　计算鼠标坐标

mouse.memory 属性持有上次单击鼠标的位置。根据布尔型变量 mouse.dragging 判断，如果用户按住鼠标，那么 mouse.difference 属性将保存上次单击与鼠标指针当前所在位置之间的距离。

这对于跟踪自定义的滚动条或滑块的距离非常有用。如果鼠标悬停在滑块的区域上，用户单击鼠标并按住，那么滑块的移动距离为 difference.x 属性或 difference.y 属性中指定的值，这取决于滑块是水平的还是垂直的。

当松开鼠标时，所有的属性都重置为 0。

再补充一下 mouse.difference 属性为负时的情形。如果使用鼠标在屏幕上"绘制"矩形，而与上一个单击位置相比距离为负，那么 mouse.inverse 属性为矩形的左上角。如果距离向量为正，那么左上角就存储在 mouse.memory 中。

19

第 20 章

网络请求

处理后端代码的应用程序通常通过 HTTP 请求进行通信。本章将探讨几种方法。

要启动 HTTP 请求，最简单的方法之一就是创建 XMLHttpRequest 对象的实例，如代码清单 20-1 所示。

代码清单 20-1　创建 XMLHttpRequest 对象的实例

```
001 const Http = new XMLHttpRequest();
```

该对象拥有 open 方法和 send 方法，而在调用它们之前，需要定义端点 URL。在该示例中，我们只需从 CDN 上下载 jQuery 库的源代码。源代码可以是任意类型的文件。请看代码清单 20-2。

代码清单 20-2　定义端点 URL

```
002 const url =
003     "https://cdnjs.cloudflare.com/ajax/libs/jquery/3.3.1/core.js";
```

现在，可以使用 GET 方法或 POST 方法来调用该 URL。请看代码清单 20-3。

代码清单 20-3　调用 URL

```
004 Http.open("GET", url);
005 Http.send();
```

为了获取从 URL 端点返回的实际值，需要监听"状态改变"事件，该事件会在返回内容时立即执行，如代码清单 20-4 所示。

代码清单 20-4　监听"状态改变"事件

```
007 // HTTP请求响应的回调函数
008 Http.onreadystatechange = function(event) {
009     // 打印core.js的内容
010     console.log(Http.responseText);
011 }
```

你所创建的 HTTP 请求可以获取几乎所有类型的数据。它不一定是 jQuery 库。通常，连接的 API 会将返回值打包到 JSON 对象中，该对象包含一个项目列表，应用程序解析该列表，并显示在 UI 视图中。这通常编写在产品代码中，如代码清单 20-5 所示。

代码清单 20-5　HTTP 请求的示例

```
001  const Http = new XMLHttpRequest();
002
003  const url = "object.js";
004
005  // 监听"状态改变"事件
006  Http.onreadystatechange = function() {
007
008      // 检查请求是否成功
009      if (this.readyState == 4 && this.status == 200) {
010
011          // 读取JSON格式的内容
012          let json = JSON.parse(Http.responseText);
013          console.log(json); // [{ id: 10, name: "Luna" }]
014
015          // 从对象中提取属性
016          let id = json.id;
017          let name = json.name;
018
019          // 使用接收到的数据来更新应用程序的视图
020          let userId = document.getElementById("id");
021          if (userId) userId.innerHTML = id;
022
023          let userName = document.getElementById("name");
024          if (userName) userName.innerHTML = name;
025      }
026  };
027
028  // 执行请求
029  Http.open("GET", url);
030  Http.send();
```

图 20-1 展示了 object.js 文件的内容（它只是用 JSON 表示法表示的对象）。请注意括号 []。

```
[{ "id": 10, "name": "Luna" }]
```

图 20-1　object.js 文件

当使用 open 方法和 send 方法执行 HTTP 请求时，onreadystatechange 事件会被触发 4 次。随着每次触发，状态从 1 变为 2，再变为 3，最后变为 4。我们只关心最后的第 4 阶段，这时请求将被看作已完成，并返回 200 状态码。重点在于检查 this.status == 200。这是因为只能在这里检查事件是否成功完成。

接下来以字符串格式接收 object.js 文件的内容，即上面的 JSON 对象。但我们需要将其转换为 JavaScript 对象。这可以通过 JSON.parse 方法来实现。然后，我们将 json.id 属性和 json.name 属性分别存储到变量 id 和 name 中。最后，id 和 name 的内容显示在应用程序的 UI 中。这可能是两个用来存储该数据的 div 容器。

如果接收到多个 JSON 对象，可以将它们转换为一个数组（使用 Object.entries 方法），并使用 forEach、map 或其他的高阶函数来迭代它们。在该示例中，object.js 可以包含多个对象，它们之间使用逗号分隔，如图 20-2 所示。

```
[{ "id": 10, "name": "Luna" }, { "id": 11, "name": "Felix" }]
```

图 20-2 包含多个对象的 object.js 文件

20.1 回调地狱

回调函数是在执行事件后返回的函数。可以编写自定义的代码、加载动画或执行清理等操作。

在 ES6 之前，回调函数被广泛用作执行异步调用的工具。随着应用程序变得越来越复杂，每个回调函数都依赖于前一个任务的完成，因此这些回调函数会被链接在一起。

Sailor API

如果没有木头，就无法建造船只；未造好船只，就无法出海；无法出海，就不能发现新大陆；未发现新大陆，就不能挖掘宝藏！

我们来看一下如何使用 Sailor API 实现一系列相互依赖的操作。请看代码清单 20-6。

代码清单 20-6 一系列相互依赖的操作

```
001 SailorAPI("/get/wood", (result) => {
002   SailorAPI("/build/boat/", (result) => {
003     SailorAPI("/sail/ocean/", (result) => {
004       SailorAPI("/explore/island/", (result) => {
005         SailorAPI("/treasure/dig/", (result) => {
006           // 啊……存在依赖关系的异步
007           // 代码好丑陋！
008         });
009       });
010     });
011   });
012 });
```

以这种方式编写的调用都存在依赖性的问题。另外，如果有一个 API 调用延迟，那么每个调用之间都可能会产生很大的时间间隔，整个流程就会显著地变慢。难道异步代码不是同时执行的吗？

此外，在每个回调中，我们都必须手动检查前一个请求是否成功返回。这样的代码会非常复杂，难以阅读。这种丑陋的代码通常被称为**回调地狱**。我们怎样才能避免它呢？

20.2 ES6 Promise

在某些情况下，如果一个事件依赖于另一个事件的返回结果，那么使用回调可能会使代码变得很复杂。Promise 对象提供了检查操作失败或成功的一种模式。如果成功，则会返回另一个 Promise。

如代码清单 20-7 所示，Promise 对象持有两个参数：resolve 和 reject。

代码清单 20-7 Promise 对象的示例

```
001 let password = "felix";
002 let p = new Promise((resolve, reject) => {
003   if (password != "mathilda")
004     return reject('Invalid Password');
005   resolve();
006 });
```

Promise 的内在逻辑完全由你来决定。如以上示例所示，假设正在验证密码，你将决定是调用 resolve 命令还是调用 reject 命令。在实现完整的 Promise 之前，先分别介绍 resolve 和 reject。

20.2.1 Promise.resolve

resolve 方法表示 Promise 已成功，并包含返回值。例如，它可以是字符串，如代码清单 20-8 所示。

代码清单 20-8 Promise 被解析为字符串（1）

```
001 // 解析为"message"
002 let promise = Promise.resolve("message");
```

同样，代码清单 20-9 中的 Promise 被解析为 "resolve value"，从技术上来讲，这可以是字符串、数字，甚至另一个 Promise。

代码清单 20-9 Promise 被解析为字符串（2）

```
001 let promise = Promise.resolve("resolve value");
```

20

1. then

then 方法接收 resolve 方法的响应作为成功时的值。如代码清单 20-10 所示，then 方法接收 "resolve value" 消息。

代码清单 20-10　then 方法接收 resolve 的值

```
001 let promise = Promise.resolve("resolve value");
002
003 //  then方法接收resolve的值
004 promise.then(function(message) {
005   console.log("then: " + message);
006 });
```

控制台输出如图 20-3 所示。

```
then: resolve value
>  |
```

图 20-3　控制台输出

2. catch

catch 方法只响应 reject 方法。以下示例不会执行 catch 方法，因为我们只调用 resolve 方法本身。但是，我们可以附加一个回调来捕获错误，如代码清单 20-11 所示。

代码清单 20-11　catch 方法

```
008 // 从未调用，因为我们使用resolve方法
009 promise.catch(function(error) {
010   console.log("catch: " + error);
011 });
```

3. finally

如代码清单 20-12 所示，不管事件是成功（调用 resolve 方法）还是失败（调用 reject 方法），都会执行 finally 方法。最好是在这里清理代码或更新 UI 视图（如隐藏加载的动画）。

代码清单 20-12　finally 方法

```
013 // 清除Promise之后的数据的最佳位置
014 promise.finally(function(msg) {
015   console.log("finally: hide loading animation.");
016 });
```

20.2.2　Promise.reject

如果因为某个条件没有得到满足，而导致 Promise 遭到拒绝，会怎么样呢？请看代码清单 20-13。

代码清单 20-13　Promise 被拒绝的情形

```
001  // Promise对象也有一个reject方法，
002  // 当指定的条件不满足时，用来清除请求
003  let promise = Promise.reject("request rejected");
004
005  // 不会对reject调用then方法
006
007  // 因为我们使用了reject方法，
008  // 所以可以使用catch来捕获错误
009  promise.catch(function(error) {
010    console.log("catch: " + error);
011  });
```

如代码清单 20-14 所示，在这里我们成对使用 reject 方法和 catch 方法，不会对 reject 动作调用 then 方法，但最终会调用 finally 方法。

代码清单 20-14　finally 方法

```
013  // 清除Promise之后的数据的最佳位置
014  promise.finally(function(msg) {
015    console.log("finally: hide loading animation.");
016  });
```

20.2.3　组装

由于 Promise 会返回 Promise 对象，因此我们可以用一条语句实现所有内容（见代码清单 20-15）。

代码清单 20-15　用一条语句实现 Promise

```
001 let promise = new Promise(function(resolve, reject) {
002   let condition = true;
003   // 这里基于你的逻辑
004   if (condition) // 调用resolve, 解决Promise
005     resolve("message");
006   else // 调用reject, 拒绝Promise
007     reject("error details");
008 }).then(function(msg) {
009   console.log("promise resolved to " + msg);
```

```
010 }).catch(function(error) {
011    console.log("promise rejected with " + error)
012 }).finally(() => console.log("finally.") );
```

以下模式稍有不同。为了让代码更整洁，你或许希望将 Promise 的调用与 then 和 catch 的调用分开（见代码清单 20-16）。

代码清单 20-16　将 Promise 的调用与 then 和 catch 的调用分开

```
001 let takeTheTrashOut = new Promise(resolve, reject) => {
002
003     // 执行作业
004     let trash_is_out = take_trash_out();
005
006     // 处理返回值
007     if (!trash_is_out)
008        reject("No");
009     else
010        resolve("Yes");
011 });
012
013 // 使用then方法和catch方法来解决Promise
014 takeTheTrashOut.then(function(fromResolve) {
015     console.log("Is the trash out? Answer = " + fromResolve);
016 }).catch(function(fromReject) {
017     console.log("Is the trash out? Answer = " + fromReject);
018 });
```

20.2.4　Promise.all

与 HTTP 请求不同，Promise 可以处理任意语句，包括简单的变量值。这样一来，我们可以只调用 Promise.all 一个方法，同时处理多个 Promise，如代码清单 20-17 所示。

代码清单 20-17　同时处理多个 Promise

```
001 var promise = "promise";
002 var threat = "threat";
003 var wish = Promise.resolve("I wish.");
004
005 // 数据集
006 var array = [promise, threat, wish];
007
008 Promise.all( array ).then(function( values ) {
009     console.log( values );
010 });
```

```
011
012 // 返回Array(2)
013 ["promise", "threat", "wish"];
```

20.2.5 Promise 解析

请看图 20-4。

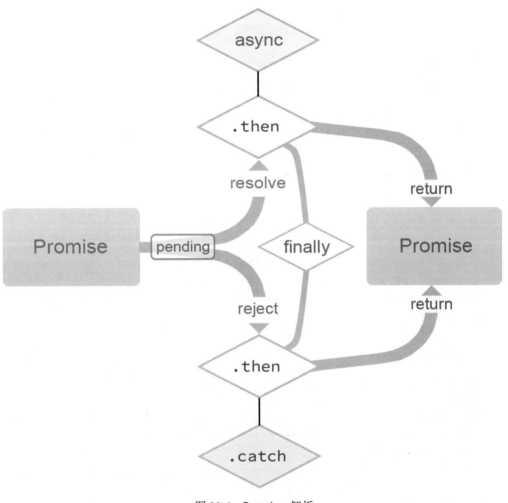

图 20-4 Promise 解析

20.2.6 Promise 小结

在许多情况下，通常使用如代码清单 20-18 所示的模式。

代码清单 20-18 Promise 的使用模式

```
001 new Promise((resolve, reject) => { resolve("resolved."); })
002 .then((msg) => { console.log(msg) })
003 .catch((error) => {})
004 .finally(() => { console.log("finally.") });
```

20.3 axios

axios 是一个比较流行的基于 Promise 的库，可用于访问数据库，如图 20-5 所示。

```
npm install axios --save
```

图 20-5 安装 axios

使用以上命令将其安装到节点服务器上。然后，直接在 JavaScript 文件中导入 axios，如代码清单 20-19 所示。

代码清单 20-19 导入 axios

```
001 import axios from 'axios';
```

或者直接将其嵌入到 HTML 页面中，如代码清单 20-20 所示。

代码清单 20-20 将 axios 嵌入到 HTML 页面中

```
001 <script src =
002     "https://unpkg.com/axios/dist/axios.min.js"></script>
```

如代码清单 20-21 所示，现在我们就有了一个端点 /get/posts/。

代码清单 20-21 创建端点

```
001 const url = 'http://exampleurl/endpoint/get/posts';
002
003 axios.get(url)
004   .then(data => console.log(data))
005   .catch(err => console.log(err));
```

axios 遵循上一节介绍过的 Promise 模式。令人惊讶的是，仅此而已。你可以使用 axios 提供巧妙的解决方案，来访问 API。

20.4 ES6 Fetch API

内置的 Fetch API 提供了另一种基于 Promise 的接口，来访问 Web 服务器，如代码清单 20-22 所示。

代码清单 20-22   Fetch API

```
001 let loading_animation = true;
002
003 fetch(request).then(function(response) {
004   var type = response.headers.get("content-type");
005   if (type && type.includes("application/json"))
006     return response.json();
007   throw new TypeError("Content is not in JSON format.");
008 })
009 .then(function(json) { /* 这里处理JSON */ })
010 .catch(function(error) { console.log(error); })
011 .finally(function() { loading_animation = false; });
```

20.5 获取 POST 负载

当应用程序需要访问数据库服务器时，你会发现自己正在端点发送和接收数据。**端点**只是执行特定操作的 URL 地址。它的功能是由 API 服务器决定的。它通常是包含多个端点的整个 API 的一部分。例如，/get/messages 可以是端点，返回一个包含消息的 JSON 对象。

有两种常见的请求方式：POST 和 GET。当使用 POST 时，我们可以附加一个负载对象，来传递详细信息。我们来执行一个 POST 请求，获取消息，不过只针对 ID 为 12 的用户 Felix，如代码清单 20-23 所示。

代码清单 20-23   执行 POST 请求

```
001 const url = "http://exampleurl/endpoint/get/messages";
002 const data = { name: "Felix", id: 12 };
003 const params = {
004   headers: {
005     "content-type": "application/json"
006   },
007   body: data,
008   method: "POST"
009 }
```

请求回调如代码清单 20-24 所示。

代码清单 20-24   请求回调

```
001 const callback = function(response) {
002   var type = response.headers.get("content-type");
003   if (type && type.includes("application/json"))
004     return response.json();
005   throw new TypeError("Content is not in JSON format.");
006 }
```

20

最后调用带有 url 和 params 的 fetch 方法，如代码清单 20-25 所示。

代码清单 20-25   调用 fetch 方法

```
008  fetch(url, params).then(callback)
009  .then(function(json) { /* 这里处理JSON */ })
010  .catch(function(error) { console.log(error); })
011  .finally(function() { loading_animation = false; });
```

20.6   ES6 async/await

基于 Promise 的代码与一般的回调存在类似的问题。毕竟 then、catch 和 finally 从根本上来说仍是回调函数。Promise 只是将回调分割成广义的可预测结果，使代码更整洁。

这意味着仍有可能陷入 Promise 地狱，而不是回调地狱。Promise 是改善这种情况的一种很好的尝试，而使用 async 会让代码更简洁。

20.6.1   async 关键字的基础

我们先来看一下调用两个函数时的情形。请看代码清单 20-26。

代码清单 20-26   调用两个函数

```
001  function x() {  }
002  function y() {  }
003  x();
004  y();
```

如图 20-6 所示，函数 y 会在函数 x 返回后立即执行。

图 20-6   调用两个函数

不出预料，**异步**代码在前一个命令执行完成后按顺序执行，而非两个函数同时执行。

现在，我们看一看使用 async 关键字时的情形。

由于 async 关键字只能用于函数，因此只能在函数的定义之前添加 async，如代码清单 20-27 所示。

代码清单 20-27　使用 async 关键字定义函数

```
001 async function a() { return 1; }
```

我们正在试着摆脱前面介绍的 Promise 模式。尽管是这样，但 async 函数现在实际上返回了一个 Promise 对象。我们正在打破 Promise 地狱模式，以追求更整洁的代码。而我们仍然可以对函数调用 then 方法，如代码清单 20-28 所示。

代码清单 20-28　调用 then 方法

```
001 a().then(console.log);
```

控制台输出如图 20-7 所示。

```
    1
> |
```

图 20-7　控制台输出

请记住，then 方法的第一个参数是解决函数，第二个参数是拒绝函数。因此，当我们传入第一个参数 console.log 时，它将被看作执行显示结果的函数。

实际上，代码清单 20-29 中的两个示例除了返回的字符串不同之外，完全相同。

代码清单 20-29　两个函数的动作相同

```
001 async function a() { return "first"; }
002 async function b() { return Promise.resolve("second"); }
```

尽管函数 a 未显式指定，但这两个函数都返回 Promise！如代码清单 20-30 所示，我们调用这两个函数，然后对返回值调用 then。

代码清单 20-30　调用 then 方法

```
001 a().then(console.log);
002 b().then(console.log);
```

到目前为止，结果符合预期（见图 20-8）。

```
  first
  second
> |
```

图 20-8　控制台输出

20

20.6.2　await

await 适合什么情形呢？async 和 await 通常一起使用。await 关键字位于 async 函数的开头，如代码清单 20-31 所示。

代码清单 20-31　await 关键字

```
001 async function a() { await Math.sqrt(1); return "first"; }
002 async function b() { return "second"; }
```

注意：在 async 函数的外部使用 await 会发生错误。

在这里，我们将 await 添加到计算 1 的平方根的简单数学运算中。但重要的是，现在函数 b 会先返回，尽管它在执行顺序中是第 2 个，如代码清单 20-32 和图 20-9 所示。

代码清单 20-32　调用 then 方法

```
001 a().then(console.log);
002 b().then(console.log);
```

控制台输出如图 20-9 所示。

```
second

first

>
```

图 20-9　控制台输出

在语句的前面加上 await，该语句会像 Promise 一样执行。async 函数中的执行流程将在该语句处暂停，直到其状态变为 fulfilled 为止。这意味着 return "first" 并不会像 b 函数那样立即返回。

这只是一个简单的演示示例。在实际中，await 主要是处理多个 API 端点的最优解决方案。关于 async/await，最重要的是它允许同步执行程序中以异步形式编写的代码。这解决了回调地狱的所有问题，保持了代码整洁，同时可以高效执行多个 API 请求。最好的演示方法是将 await 放在 try-catch 语句的语境中。下一节将进行介绍。

20.6.3　async/await 中的 try-catch

来看以下示例，其中，async 和 await 用于获取用户信息的对象，如代码清单 20-33 所示。

代码清单 20-33 async/await 中的 try-catch

```
001 const get = async function(username, password) {
002     try {
003         const user = await API.get.user(username, password);
004         const roles = await API.get.roles(user);
005         const status = await API.get.status(user);
006         return user;
007     } catch (error) {
008         // 发生错误时进行处理
009         console.log(error);
010     }
011 };
012
013 const userinfo = get(); // 获取用户信息
```

我们会一直等到 API.get.user 生成一个值并将其存储在 user 变量中。在此之前，后面的 await 语句不会执行。这是理想的方式，因为后面的两条 await 语句需要 user 对象，只有在对用户验证通过之后，该对象才可以使用。

如代码清单 20-34 所示，假如 API.get.user 失败，API.get.roles 和 API.get.status 会自动失败，并返回空对象。

代码清单 20-34 获取用户信息失败的情形

```
001 if (getinfo != null) {
002     let roles = getinfo.roles;
003 } else {
004     // 用户名或密码错误
005 }
```

20.6.4 小结

async/await 语法是 JavaScript 中同步编程的典范。使用 async 修饰的函数可以便捷地返回 Promise 对象。这里实现了两方兼顾。我们的函数虽然采用异步顺序，但执行是同步的，就像回调、Promise 或获取 API 请求一样。我们终于逃离了回调地狱和 Promise 地狱，并保持了代码整洁。

这是否意味着必须放弃对 Promise 对象使用 new 运算符？当然不是。本章中的所有技术都能够用来编写成功的应用程序。这取决于你选择的设计。async/await 关键字使我们可以同步执行代码，而无须直接使用回调或 Promise，也无须修改代码的异步性质。

20

20.7　 ES6 生成器

生成器类似于 async。虽然它早于 async 关键字出现，但它们共享类似的模式。这里之所以介绍生成器，是因为它在 JavaScript 代码中仍然较为常见。

生成器可以通过向函数定义中添加星号（ * ）来定义，如代码清单 20-35 所示。

代码清单 20-35　生成器的定义

```
001 function* generator() { }
```

生成器还可以通过匿名函数的定义赋值进行创建（见代码清单 20-36）。

代码清单 20-36　通过匿名函数的定义赋值来创建生成器

```
001 let generator = function*() {}
```

20.7.1　yield

就像 async 与 await 一起使用一样，生成器与 yield 一起使用，以实现与前一组完全相同的效果，如代码清单 20-37 所示。

代码清单 20-37　使用 yield 的情形

```
001 let generator = function*() {
002     yield 1;
003     yield 2;
004     yield 3;
005     yield "Hello";
006     return "Done.";
007 }
```

但我们不能直接调用 generator 函数。每当我们这样做时，它都会重置为第一条 yield 语句。另外，一个生成器只能使用一次，它在返回后不可以再次调用。

因此，初始化新生成器的正确方法是变量赋值，如代码清单 20-38 所示。

代码清单 20-38　初始化新生成器

```
001 let gen = generator();
```

与 Promise 对象的 then 方法相似，生成器持有 next 方法。只要对生成器调用 next，就会执行生成器函数体中的下一条 yield 语句，如代码清单 20-39 所示。

代码清单 20-39 next 方法

```
001 gen.next(); // {value: 1, done: false}
002 gen.next(); // {value: 2, done: false}
003 gen.next(); // {value: 3, done: false}
004 gen.next(); // {value: "Hello", done: false}
005 gen.next(); // {value: "Done.", done: true}
```

生成器不需要返回值，但如果有返回值，那么它将被视为最后一个值。请注意，next 会生成一个对象，如 {value: 1, done: false}，而不是返回值。最后一条语句会返回 done: true。

在这之后，生成器不能重新使用，应该将其丢弃。若要创建新的生成器，请重新为 generator 函数赋予变量。

20.7.2 捕获错误

我们可以使用 throw 方法来捕获生成器的错误（见代码清单 20-40）。

代码清单 20-40 使用 throw 方法捕获生成器的错误

```
001 function* generator() {
002     try {
003         yield 1;
004         yield 2;
005         yield 3;
006     } catch(error) {
007         console.log('Error caught!', error);
008     }
009 }
010
011 let g = generator();
012
013 g.next(); // {value: 1, done: false}
014 g.next(); // {value: 2, done: false}
015 g.next(); // {value: 3, done: false}
016
017 g.throw(new Error('Something went wrong'));
```

在生成器函数中，请确保使用 try-catch 分支语句。如果已经执行了一条 yield 语句，就会抛出错误。当然，在实际中，yield 1、yield 2 和 yield 3 可以是更有意义的语句，比如 API 调用。

第 21 章
事件循环

21

作为 JavaScript 程序员，虽然你无须了解事件循环的实际实现，但是了解它的工作方式还是很重要的，这至少有下述两个原因。

首先，面试官经常会问到与事件循环相关的问题。

其次，通过了解事件循环的工作方式，就能够理解事件的发生顺序。例如，使用回调和 `setTimeout` 函数等计时器。这个原因更具有实践意义。

前文介绍了函数在执行时如何放置在调用栈上。我们甚至可以使用栈追踪，以追踪错误最初是由于调用哪个函数引起的。这在处理确定性事件集（语句在前一条语句完成执行后立即执行）时很有意义。

JavaScript 代码通常是基于监听事件编写的，如计时器、鼠标单击和 HTTP 请求等。事件在完成要执行的任务后、返回之前会有一段等待时间。但是，当事件执行时，我们并不希望主程序停止。因此，只要事件发生，它就会被移交给事件循环（见图 21-1）。

图 21-1　事件循环示意图

顾名思义，事件循环可以被抽象地看作一个循环[1]，这是一个不断循环的过程（见图 21-2）。

---

① 事件循环示意图受 Jake Archibald 的启发。

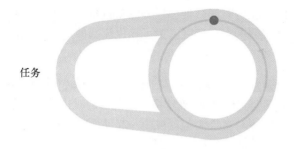

图 21-2　事件循环示意图

　　一旦事件发生（这可以看作一个任务），它就被委托给事件循环，而事件循环会"不遗余力"地接收任务（见图 21-3）。

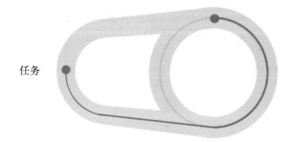

图 21-3　事件循环示意图

　　但事情并不是这么简单。事件循环不仅会处理鼠标单击和超时等事件，还需要注意更新浏览器视图（见图 21-4）。

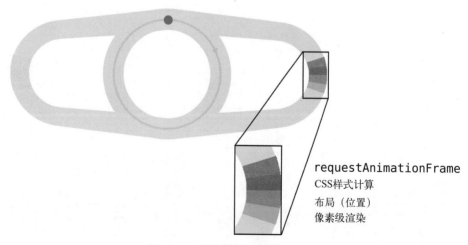

requestAnimationFrame

CSS样式计算

布局（位置）

像素级渲染

21

图 21-4　事件循环示意图

事件循环的流程持续循环，有时会花费时间来处理任务或更新视图。用户与前端应用程序交互的整体体验通常取决于事件循环代码的优化程度。为了提供流畅的用户体验，编写代码时应该权衡任务处理和屏幕更新。

在现代浏览器中，更新视图通常分为 4 个步骤：检查 requestAnimationFrame、CSS 样式计算、确定布局位置和渲染视图（实际绘制像素）。确定更新浏览器的时机是很棘手的工作。毕竟，setTimeout 或 setInterval 不应该与渲染浏览器视图一起使用。如果使用它们来制作动画元素，其性能会很不稳定。

这是因为 setInterval 会尽可能快地执行回调（许多人在其中放置了动画代码），以劫持事件循环。因此，许多人已经将可以在 CSS 中实现的动画移动到各自的 CSS 样式定义中，而不是在 JavaScript 中执行。

不过，使用 requestAnimationFrame 可以提高稳定性。实际上，事件循环会与显示器的刷新率同步，而不是在 setInterval 每次触发回调函数时执行。

第 22 章

调　用　栈

22

22.1 什么是调用栈

调用栈用于追踪当前正在执行的函数。当代码执行时，每个调用都按其在程序中出现的顺序放置在调用栈上。在函数返回后，它就会从调用栈中移除。

将函数调用放到栈上被称为**推入**，将其从调用栈中移除被称为**弹出**。其思想与 Array.push 和 pop 方法相同。请看图 22-1、图 22-2 和图 22-3。

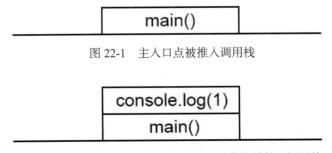

图 22-1　主入口点被推入调用栈

图 22-2　每次调用 console.log 时，它都会被推入调用栈

图 22-3　console.log 将 1 打印到控制台并返回。然后从调用栈中弹出。主函数继续运行，
　　　　直至返回。这通常发生于关闭浏览器时

在编码中运用调用栈

调用栈是计算机语言设计的基本组成部分，大多数语言会以某种方式实现调用栈。它如何适用于只编写代码而不设计计算机语言的人呢？

调用栈示例

复杂的任务优先级较高。许多任务需要按逻辑顺序来完成。

编写软件时,通常会在函数的主体中调用另一个函数。举个例子:只有打一桶水,你才能拖地;而只有下定决心打扫房间,你才有理由打一桶水。请看代码清单22-1。

代码清单22-1   调用clean_house触发一系列的函数调用

```
001  function mop_floor() {
002    console.log("Mop the floor.");
003    throw new Error("Ran out of water!");
004  }
005
006  function fill_bucket(what) {
007    console.log("Filling bucket with " + what);
008    mop_floor();
009  }
010
011  function clean_house() {
012    console.log("Cleaning house.");
013    fill_bucket("water");
014  }
015
016  clean_house();
```

函数mop_floor会抛出一个错误。这时,控制台将显示栈追踪信息,如图22-4所示。

```
Cleaning house.

Filling bucket with water.

Mop the floor.

⊗  ▶Uncaught Error: Ran out of water!
       at mop_floor
       at fill_bucket
       at clean house

>  |
```

图22-4   调用栈会帮助我们确定错误的根源

错误会从发生错误的函数mop_floor开始,显示调用栈的历史追踪信息。在调试时,这有助于追踪错误,直至最初的函数clean_house。

虽然在大多数情况下，编码无须考虑栈追踪，但是在调试复杂的大型软件时，你可能需要了解它们。

22.2　执行语境

调用栈是执行语境的栈。我们在讨论前者时，会不可避免地涉及后者。虽然在编写 JavaScript 代码时并不需要非常详细地理解**执行语境**或**调用栈**，但是理解它们有助于更好地理解该语言。

22.2.1　什么是执行语境

当程序继续运行时，执行的语句与**执行语境**共存。请注意，在每个作用域中，this 关键字指向执行语境，这并不仅限于函数作用域。块级作用域还通过 this 关键字持有到执行语境的链接。

这常常会引起混淆，因为在 JavaScript 中，this 关键字还用作类定义中对象**实例**的引用，以便我们访问其成员属性和成员。不过，如果我们理解了执行语境是由对象的实例表示的，那么事情就会变得很明了。它不访问实例的属性或方法，而建立跨多作用域的代码流之间的链接。

22.2.2　根执行语境

程序在浏览器中打开时，会自动创建一个 window 对象的实例。该 window 对象会成为根执行语境，因为它是由浏览器的 JavaScript 引擎本身实例化的第一个对象。window 对象是**全局作用域**的执行语境，它们引用的内容相同。window 对象是 Window 类的实例。

22.2.3　工作方式

如果从全局作用域调用函数，那么函数作用域中的 this 关键字将指向 window 对象，这是调用函数的语境。该语境被带入函数的作用域。这就像是建立从当前的执行语境到上一个语境的链接。在程序生命周期的代码执行流程中，执行语境从一个作用域传递到另一个作用域。可以将其看作一个树分支，从根 window 对象扩展到另一个作用域。

后文将介绍**执行语境**和**调用栈**之间的关系。

22.3　代码中的执行语境

调用栈和执行语境的逻辑，以及它们对程序员的展示方式之间存在差异。显然，编写代码不需要了解调用栈。在 JavaScript 中，与处理执行语境最贴近的就是 this 关键字。

在每个作用域中，this 关键字持有执行语境。**语境**这一名称表明它是可以改变的。确实如此。在各种情况下，每个作用域中的 this 关键字会发生改变，或指向另一个新对象。而这一切从哪儿开始呢？

22.3.1 window 与全局作用域

当 window 对象被创建时，后台会执行一些操作，创建新的**词法环境**，其中包含该作用域的变量环境（内存中存储局部变量的位置）。这时执行第一次 this 绑定，如图 22-5 所示。

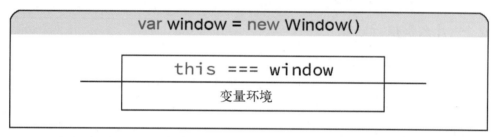

图 22-5　实例化主窗口对象将创建一个新的执行语境。this 关键字指向该窗口对象

在全局作用域中，this 关键字指向 window 对象。

22.3.2 调用栈

调用栈追踪函数的调用。如果从全局作用域的语境调用函数，那么当前语境的"顶部"就会增加一项。新创建的栈会继承之前环境的执行语境。

为了更直观地了解上述内容，我们来看一下图 22-6。

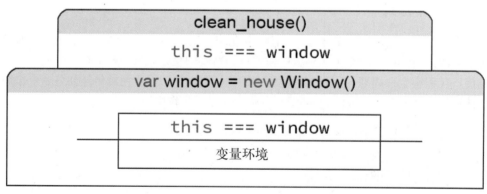

图 22-6　调用栈上跨执行语境的 this 对象的绑定，调用函数时就会创建新的栈。该新的语境会被置于调用栈中上一个对象的"顶部"

调用栈和执行语境链

请看图 22-7。

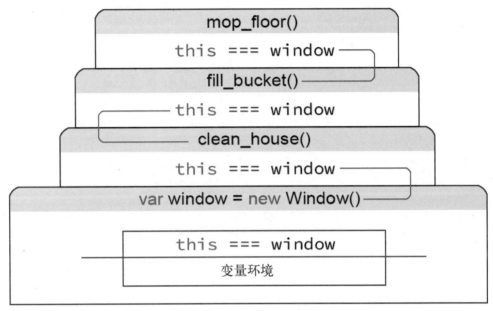

图 22-7　当更多相互依赖的函数从其他函数中进行调用时，栈就会增多

可以看到，语境传递到新创建的栈，并通过 this 关键字保持可访问性。该过程不断重复，并维持一系列的执行语境，直至当前执行语境，如图 22-8 所示。

请注意，每个函数都持有 EC0 ~ EC3 的自有执行语境。

总会存在一个**当前正在执行的语境**。这就是栈最顶部的语境。之前的所有栈都在下面，直至执行从当前语境返回（函数执行完成并返回，JavaScript 会从内存中删除该语境，我们也不再需要它）。函数执行完成后，该栈会从顶部移除，代码流程会返回至剩余的前一个（最上面的）执行语境。语境不断地推入和弹出调用栈。仅当从一个函数调用另一个函数时，才会创建栈。如果所有函数都从同**一**个执行语境执行，则不会创建栈。在调用栈中，函数被推入栈中，然后从栈中弹出；接下来下一个函数将被推入空栈中……

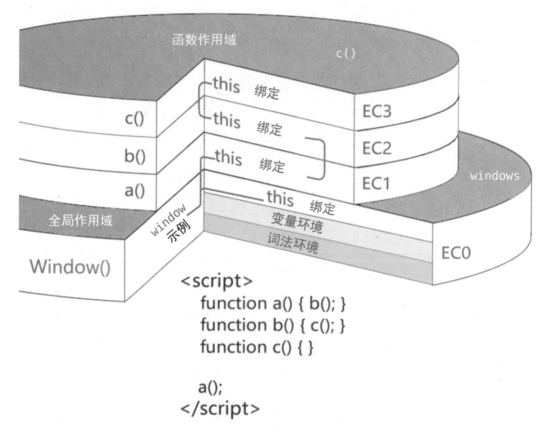

图 22-8　从彼此的作用域中调用多个函数，这会在调用栈上构建一个函数调用塔。请注意，
如果从全局作用域的语境调用所有的函数，那么每次只能调用一个函数

22.3.3　call、bind 和 apply

这 3 个函数可以用来调用函数，并选择 this 关键字在调用函数的作用域中指向的内容，来
覆盖其默认的动作。

22.3.4　栈溢出

当把你最喜欢的苏打水倒进高玻璃杯时，它会失去碳酸化作用，如果**容量**和**速度**足够，它
就会在杯口冒泡。

不妨以类似的方式来考虑栈溢出。玻璃杯就是调用栈的内存地址空间，杯口的气泡就是无
法分配的内存。请看图 22-9。

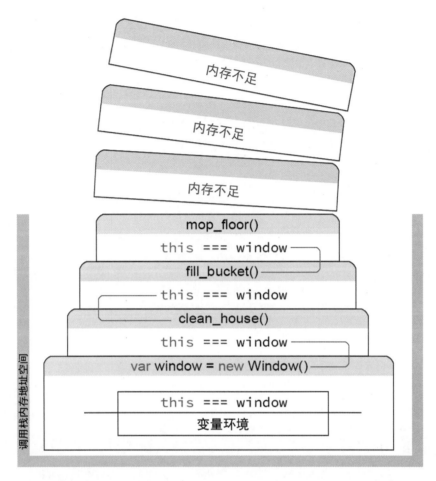

图 22-9 每次调用函数时，都会在内存中创建新的语境，但内存并不是无限的。当创建调用栈所需的内存超过为栈分配的地址空间时，就会发生栈溢出。该内存大小是由浏览器内部确定和管理的

TURING

图灵教育

站在巨人的肩上
Standing on the Shoulders of Giants